Forschungsberichte iwb

Band 92

Berichte aus dem
Institut für Werkzeugmaschinen
und Betriebswissenschaften
der Technischen Universität
München

Herausgeber:
Prof. Dr.-Ing. G. Reinhart
Prof. Dr.-Ing. J. Milberg

Springer-Verlag

Christoph Hechl

Personalorientierte Montageplanung für komplexe und variantenreiche Produkte

Mit 73 Abbildungen

Springer-Verlag
Berlin Heidelberg New York London Paris
Tokyo Hong Kong Barcelona Budapest 1995

Dipl.-Ing. Christoph Hechl
Institut für Werkzeugmaschinen und Betriebswissenschaften (iwb), München

Univ.-Prof. Dr.-Ing. G. Reinhart
o. Professor an der Technischen Universität München
Institut für Werkzeugmaschinen und Betriebswissenschaften (iwb), München

Univ.-Prof. Dr.-Ing. J. Milberg
o. Professor an der Technischen Universität München
Institut für Werkzeugmaschinen und Betriebswissenschaften (iwb), München

D 91

ISBN 978-3-540-60325-2 ISBN 978-3-662-01098-3 (eBook)
DOI 10.1007/978-3-662-01098-3

Gesamtherstellung: Hieronymus Buchreproduktions GmbH, München.

SPIN: 10515201 62/3020-543210

Geleitwort der Herausgeber

Die Produktionstechnik ist für die Weiterentwicklung unserer Industriegesellschaft von zentraler Bedeutung. Denn die Leistungsfähigkeit eines Industriebetriebes hängt entscheidend von den eingesetzten Produktionsmitteln, den angewandten Produktionsverfahren und der eingeführten Produktionsorganisation ab. Erst das optimale Zusammenspiel von Mensch, Organisation und Technik erlaubt es, alle Potentiale für den Unternehmenserfolg auszuschöpfen.

Um in dem Spannungsfeld Komplexität, Kosten, Zeit und Qualität bestehen zu können, müssen Produktionsstrukturen ständig neu überdacht und weiterentwickelt werden. Dabei ist es notwendig, die Komplexität von Produkten, Produktionsabläufen und -systemen einerseits zu verringern und andererseits besser zu beherrschen.

Ziel der Forschungsarbeiten des *iwb* ist die ständige Verbesserung von Produktentwicklungs- und Planungssystemen, von Herstellverfahren und Produktionsanlagen. Betriebsorganisation, Produktions- und Arbeitsstrukturen und Systeme zur Auftragsabwicklung im Unternehmen werden unter besonderer Berücksichtigung mitarbeiterorientierter Anforderungen entwickelt. Die dabei notwendige Steigerung des Automatisierungsgrades darf jedoch nicht zu einer Verfestigung arbeitsteiliger Strukturen führen. Fragen der optimalen Einbindung des Menschen in den Produktentstehungsprozeß spielen deshalb eine sehr wichtige Rolle.

Die im Rahmen dieser Buchreihe erscheinenden Bände stammen thematisch aus den Forschungsbereichen des *iwb*. Diese reichen von der Produktentwicklung über die Planung von Produktionssystemen hin zu den Bereichen Fertigung und Montage. Steuerung und Betrieb von Produktionssystemen, Qualitätssicherung, Verfügbarkeit und Autonomie sind Querschnittsthemen hierfür. In den *iwb*-Forschungsberichten werden neue Ergebnisse und Erkenntnisse aus der praxisnahen Forschung des *iwb* veröffentlicht. Diese Buchreihe soll dazu beitragen, den Wissenstransfer zwischen dem Hochschulbereich und dem Anwender in der Praxis zu verbessern.

Joachim Milberg *Gunther Reinhart*

Vorwort

Die vorliegende Dissertation entstand neben meiner Tätigkeit am Institut für Produktionstechnik GmbH (ifp).

Besonders danken möchte ich Herrn Professor Dr.-Ing. J. Milberg, dem Leiter des Lehrstuhls für Werkzeugmaschinen und Betriebswissenschaften (iwb) an der Technischen Universität München sowie des oben genannten Instituts, für die wohlwollende Unterstützung und großzügige Förderung, die entscheidend zur erfolgreichen Durchführung dieser Arbeit beigetragen hat.

Dieser Dank gilt auch Herrn Professor Dr.-Ing. G. Reinhart, dem Leiter des Lehrstuhls für Werkzeugmaschinen und Fertigungstechnik für seine Unterstützung und die Übernahme des Vorsitzes des Prüfungskommission.

Herrn Professor Dr.-Ing. K. Ehrlenspiel, dem Leiter des Lehrstuhls für Konstruktion im Maschinenbau an der Technischen Universität München, danke ich für die Übernahme des Korreferates und die kritische Durchsicht der Arbeit.

Mein Dank gilt weiter Herrn Professor Dr.-Ing. Christoph Maier und Herrn Dr.-Ing. Stefan Linner, den Geschäftsführern des Instituts für Produktionstechnik, für die stete Unterstützung und berufliche Förderung sowie die langjährige gute Zusammenarbeit.

Darüberhinaus möchte ich allen Mitarbeiterinnen und Mitarbeitern des Instituts und allen Studenten, die mich bei der Erstellung meiner Arbeit unterstützt haben, recht herzlich danken.

München, im August 1995 *Christoph Hechl*

Inhaltsverzeichnis

Abkürzungsverzeichnis

AK	Arbeitskraft, Arbeitskräfte
AP	Arbeitsplatz, Arbeitsplätze
Bemi	Betriebsmittel
EDV	Elektronische Datenverarbeitung
E_i	Erfüllungsfaktor
EM	Endmontage
FEM	Finite Elemente Methode
G_i	Gewichtungsfaktor
IAO	Fraunhofer-Institut für Arbeitswirtschaft und Organisation
JiT	Just in Time
JS	Jahresstückzahl
MA	Mitarbeiter
MIT	Massachusetts Institute of Technology
MTM	Methods-Time Measurement
NC	Numerical Control
OWAS	Ovako working posture analysing system
PC/AT	Personalcomputer
Pu	Puffer
REFA	Verband für Arbeitsstudien und Betriebsorganisation e.V.
RoI	Return on Investment
T	Tätigkeit
T	durchschnittliche Arbeitsstunden je Mitarbeiter und Jahr in [h]
TB	Teilebereitstellung
t_E	Arbeitsinhalt in [min/Stück]
t_{min}	minimale Vorgabezeit
t_{max}	maximale Vorgabezeit
t_{mitt}	mittlere Vorgabezeit
$t_{Var.\ A}$	Vorgabezeit der Variante A
TQM	Total Quality Management
VDI	Verein Deutscher Ingenieure e.V.
VM	Vormontage
VSW	Vormontagesystemwert
ZG	Zeitgrad in [%]

1 Einleitung und Zielsetzung

1.1 Ausgangssituation

Die Internationalisierung der Märkte und Produktionsstandorte, sowie ständige Veränderungen im Konsumverhalten der Verbraucher stellen Unternehmen des produzierenden Gewerbes heute vor die Aufgabe, Produkte

- nach kundenspezifischen Anforderungen
- in immer kürzeren Zeiträumen
- zu marktgerechten Preisen

herzustellen [HART 91, NECK 91]. Das Spannungsfeld, in dem sich die Unternehmen befinden, wird demnach v.a. von Einflüssen seitens des Markts, aber auch der Gesellschaft, technologischer Entwicklungen sowie einer Vielzahl rechtlicher Bestimmungen und Regelungen beherrscht (s.a. Abb. 1-1).

Der Markt fordert zunehmend innovative und damit in den meisten Fällen zwangsläufig auch komplexe Produkte in immer höheren Variantenzahlen. Gerade auf diesem aus produktionstechnischer Sicht problematischen Sektor muß Deutschland trotz der teilweise erheblichen Standortnachteile (z.B. kurze Soll-Arbeitszeiten, hohe Lohn- und Lohnnebenkosten, hoher Urlaubs- und Feiertaganteil, hohe Unternehmensbesteuerung) seine Potentiale (z.B. die gute Infrastruktur oder das hohe Ausbildungsniveau seiner Mitarbeiter) nutzen und so seine Marktposition behaupten und weiter ausbauen [MILB 94].

Nur die Unternehmen können dem verschärften Wettbewerbsdruck standhalten, denen es gelingt, neben den gestiegenen Anforderungen an Flexibilität, Qualität und Innovationsfähigkeit die Kostensituation entlang der gesamten Wertschöpfungskette zu verbessern. Die Anstrengungen müssen auf eine Verbesserung der Gesamtproduktion hinsichtlich Qualität, Kosten, Liefertreue und Motivation der Mitarbeiter abzielen [MILB 92b]. Es gilt, die Komplexität soweit als möglich zu reduzieren und zu beherrschen und die Technologieführerschaft abzusichern und auszubauen. Auf diesem Weg muß auch die Diskussion der optimalen Fertigungstiefe als strategische Entscheidung einfließen [REIN 94].

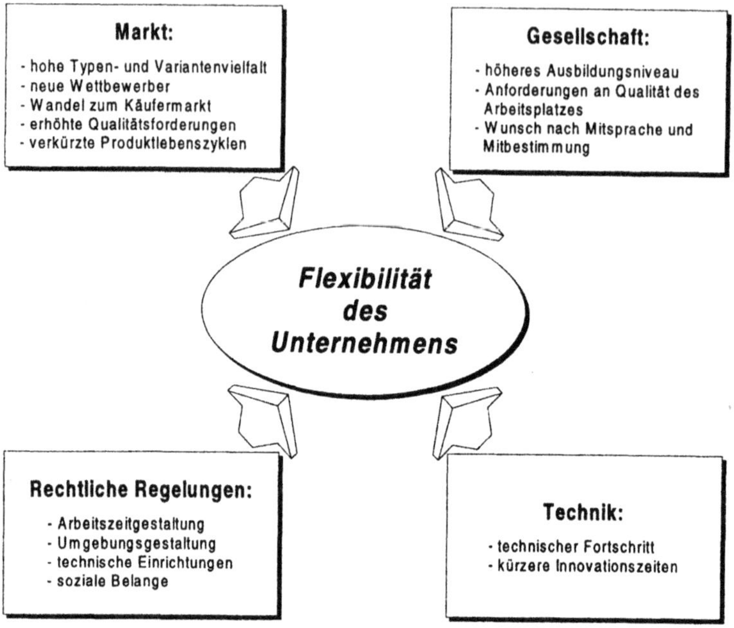

Abb. 1-1: Einflußgrößen auf das Unternehmen nach [SCHE 92]

Nachdem die Rationalisierungspotentiale auf dem Gebiet der Teilefertigung durch intensive Bemühungen in den letzten Jahren weitgehend ausgeschöpft sind, muß nun zwangsläufig auch der Bereich der Montage intensiv in Verbesserungs- und Kostensenkungsvorhaben mit einbezogen werden.

Der Produktionsbereich "Montage" ist durch ganz spezifische Aufgabenstellungen gekennzeichnet. Nachfolgend soll die Montage komplexer (mit vielen Einzelteilen und Komponenten), variantenreicher und großvolumiger Produkte, die in großen Stückzahlen (mehr als 100 Einheiten täglich) mit einem hohen Anteil an manuellen Tätigkeiten produziert werden, untersucht werden. Typischerweise findet man dieses Spektrum in der Automobilbranche und dort noch deutlicher im Nutzfahrzeugbereich. Auf diesem Sektor hat die MIT-Studie "Die zweite Revolution in der Automobilindustrie" [WOMA 91] im

Vergleich zur japanischen Konkurrenz eine erhebliche Produktivitätslücke herausgestellt, die den dringend gebotenen Handlungsbedarf verdeutlicht.

Im Vergleich zur Teilefertigung, wo sich meist durch geeignete Zusammenstellung von Aufträgen größere Schwankungen im Arbeitsumfang pro Planungs- bzw. Vorgabezeitraum vermeiden lassen, beinhaltet eine kundenauftragsbezogene, auf mehrere Abschnitte verteilte Montage variantenreicher Produkte erheblich komplexere Problemstellungen. Die vom Markt bestimmten Ausstattungsunterschiede verursachen u.a. extrem unterschiedliche Zeitbedarfe (Zeitspreizung) in den Montageabschnitten, ein erhebliches Materialaufkommen und folglich auch ein komplexes Steuerungsproblem. Abbildung 1-2 als Beispiel aus dem Automobilbau zeigt deutlich, daß als Folge der vielen Ausstattungsvarianten (nach Warnecke [WARN 91] ist z.B. die Ausstattungsanzahl je Baureihe zwischen 1985 und 1990 um 60 bis 70% gestiegen) die Wiederholhäufigkeit pro Monat, also das Verhältnis von produzierter Stückzahl zur Variantenzahl, bereits klar unter "1" liegt [SCHM 90].

Der Fall, daß innerhalb eines Monats zwei absolut identische Fahrzeuge gebaut werden, tritt nur äußerst selten auf. Falls mehrere gleiche Fahrzeuge geordert

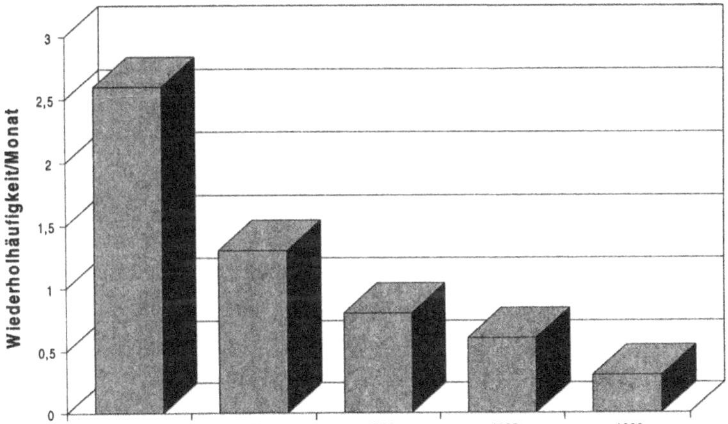

Abb. 1-2: Entwicklung der Wiederholhäufigkeit je Monat im Automobilbau nach [SCHM 90]

werden, so wird diesem Auftrag von der Logistik- und Abwicklungsseite her häufig bereits eine Sonderstellung und -behandlung eingeräumt.

Das größte Rationalisierungspotential liegt bei dem oben angedeuteten Produktionsspektrum weniger in den klassischen wertschöpfenden Tätigkeiten, da hier aufgrund der hohen Variantenzahl und der damit verbundenen Rüstproblematik meist nur geringes Mechanisierungs- und Automatisierungspotential vorhanden ist. Es gilt vielmehr, die angrenzenden und unterstützenden Produktionselemente (wie z.B. die Logistik oder den Personalsektor) sinnvoll einzubeziehen. Die Strukturen sind so zu gestalten, daß es zu einer Reduzierung der nicht wertschöpfenden Tätigkeiten kommt.

Die Planung komplexer Montagesysteme ist v.a. in traditionell gewachsenen Strukturen selbst ein komplexer Prozeß, der durch eine hohe Anzahl von beteiligten Abteilungen/Institutionen und Personen und eine Vielzahl von Schnittstellen gekennzeichnet ist. Als Bestandteil der technischen Auftragsabwicklung ist die Planung durch eine ausgeprägte Aufgabenteilung, wiederholte Grunddatengenerierung, sequentielle Arbeitsweisen und mangelnde Synchronisation gekennzeichnet [VDI 92]. Bei den kurzen Produktlebenszyklen kommt der Effektivität der Planung eine hohe Bedeutung zu. Neben der Verursachung von zum Teil nicht unerheblichen Kosten resultieren aus der Kostenfestlegung während dieser Phase längerfristige Konsequenzen. Der Wettbewerbsfaktor Zeit spielt damit hier ebenso wie bei der Produktentwicklung eine entscheidende Rolle. Folglich ist es erforderlich, neben der Aufgaben- und Kompetenzintegration auch die Unterstützung durch geeignete Hilfsmittel zu verfolgen [MILB 92b]. Demnach ist die Planungsdurchführung eine Aufgabe eines effektiven Projektmanagements.

In stark arbeitsteiligen Strukturen und unter zunehmendem Zeitdruck werden aufgrund der hohen Komplexität der Aufgabe bei der Determinierung von Montagesystemen oft nur sehr wenige Einflußfaktoren berücksichtigt. Die vielen und zudem oft gegenläufigen Stellgrößen lassen sich zum Großteil nicht formalisieren oder parametrieren, so daß oft eine isolierte Betrachtung einzelner Parameter erfolgt. Auf diese Weise werden zwar lokale Optima geschaffen, der Weg zum globalen Optimum aber auch leicht verbaut [WARN 91].

Die zunehmend komplexer werdenden Problemstellungen erfordern ein systematisches Vorgehen, um den Planungsablauf transparenter zu gestalten und das Planungsergebnis zu verbessern. Grundlage eines verfeinerten Planungsprozesses ist dabei die bereichsübergreifende Betrachtung der Aufgabenstellung mit dem Ziel der Optimierung des Gesamtsystems.

1.2 Ziel der Arbeit

Wie bereits erwähnt, stellt die Planung komplexer Montagesysteme für variantenreiche Produkte eine komplexe Aufgabe mit vielen Randbedingungen, Schnittstellen, beteiligten Personen usw. dar. Aufgrund fehlender bzw. nur sehr eingeschränkt gültiger systematischer Ansätze und Hilfsmittel orientiert sich die Suche nach geeigneten Strukturen in der Regel nur an wenigen, sehr oft sogar nur an einem Kriterium (z.B. Zeitspreizung). Damit kann weder eine optimale Planungsqualität (starke Einschränkung des Lösungsraums für das Gesamtsystem) erzielt, noch ein zeitlich begrenzter und überschaubarer Rahmen (durch häufig notwendige Rekursionen im Ablauf) definiert werden.

Im Rahmen der vorliegenden Arbeit soll daher zur Optimierung der Qualität und des Zeitbedarfs von Planungsaufgaben ein integratives Planungsvorgehen mit Berücksichtigung mehrerer Einflußfaktoren erarbeitet werden. Hierzu ist das Potential der Gestaltungsaspekte mit ihren gegenseitigen Verknüpfungen bzw. Abhängigkeiten darzustellen. Der Schwerpunkt liegt dabei auf dem Sektor Personal in Verbindung mit geeigneten Organisationsformen. Die Auswirkungen auf den Planungsbereich infolge der veränderten Rolle der Mitarbeiter als tragendes Element der Produktion wird ebenfalls dargestellt.

In den nächsten beiden Kapiteln folgt eine Analyse der Ist-Situation bei der Planung von Montagesystemen für komplexe und variantenreiche Produkte mit der Beschreibung der Montage als Part des Produktionssystems und einer Darstellung des Systems Montage mit seinen Einflußparametern.

2 Montage als Teil des Produktionssystems

2.1 Einordnung der Montage

Zunächst soll die Montage als Element der Produktentstehungskette abgegrenzt werden. Hierzu bietet sich der Weg über eine Eingliederung in das gesamte Produktionssystem an.

Nach REFA [REFA 90] sind komplexe Produktionssysteme, wie sie zur Herstellung der eingangs beschriebenen komplexen und variantenreichen Produkte erforderlich sind, definiert als Arbeitssysteme, die aufbauorganisatorisch aus den drei Teilsystemen

- Bearbeitungs- und Montagesystem,
- Materialflußsystem und
- Informationsflußsystem

bestehen.

Als Subsystem des Produktionssystems ist die Montage über den Material- und Informationsfluß mit dem Teilefertigungs- und dem Vertriebssystem sowie der Fertigungssteuerung verbunden [WARN 75, BICK 92].

Die Komplexität des Systems wird im wesentlichen durch die Flexibilität mitbestimmt. Hierbei unterscheidet man nach REFA [REFA 90] kurzfristige (Umstellungen im Rahmen des aktuellen Produktionsprogramms) und langfristige (bei neuen Aufgaben) Flexibilität.

Flexible Zellen sind typische Vertreter einstufiger Produktionssysteme und gerade bei einer hohen Werkstückvielfalt sinnvoll. Mit zunehmender Seriengröße, wachsendem Kapazitätsbedarf und hoher Wiederholhäufigkeit der Aufträge findet man eher flexible Systeme oder Linien vor.

Die hier getroffene Untergliederung in Zellen und Anlagen ist ein verbreiteter Ansatz zur Strukturierung von Montagesystemen, wobei unterhalb der Zellenebene noch die Komponentenebene hinzu kommt [GROH 88, HART 91, BICK 92].

Die oben erwähnten material- und informationsflußtechnischen Schnittstellen des Systems Montage sind in den beiden Abbildungen 2-1 und 2-2 dargestellt.

Abb. 2-1: Materialflußtechnische Schnittstellen nach [VDI 92]

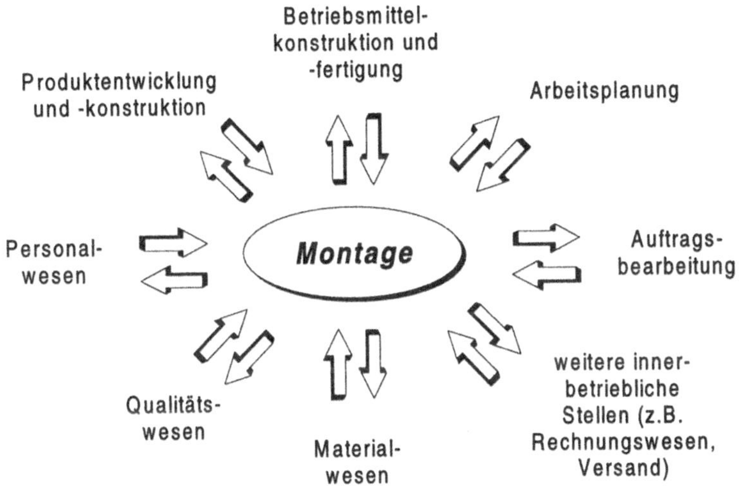

Abb. 2-2: Informationsflußtechnische Schnittstellen [nach VDI 92]

Neben dieser stark systemtechnikorientierten Betrachtung sollen nun weitere, die Montage charakterisierende Punkte dargestellt werden.

Als letztes Glied in der gesamten Prozeßkette verursacht die Montage - wie in Abbildung 2-3 dargestellt ist - einen erheblichen Anteil der Gesamtkosten eines Produkts. Die Festlegung dieser Kosten erfolgt jedoch bereits zum Großteil in den vorgeschalteten Bereichen [EVER 89, HART 93, BULL 94].

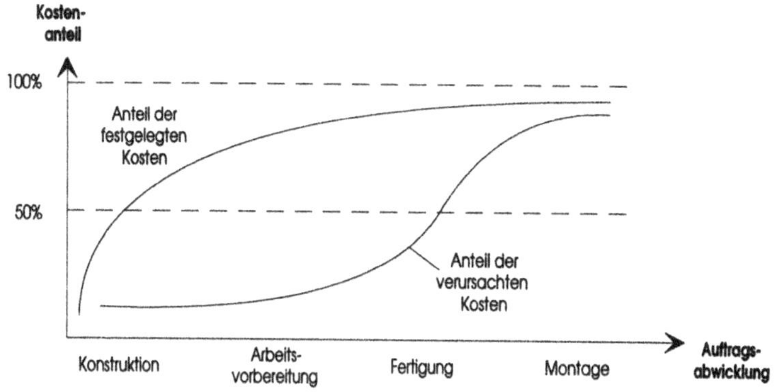

Abb. 2-3: Schere zwischen festgelegten und verursachten Kosten nach [EVER 89]

Zudem ist die Montage Sammelbecken aller technischen und organisatorischen Fehler [LOTT 86, MILB 92b]. Wenn die Anforderungen seitens der Montage nicht bereits frühzeitig berücksichtigt werden, sind in dieser Instanz Reaktionen stets nur mit entsprechend hohem zeitlichen und finanziellen Aufwand möglich.

Rationalisierungsbestrebungen, die auf den großen Kostenblock Montage abzielen, dürfen daher nicht nur auf den eigentlichen Prozeßkettenabschnitt begrenzt werden [MILB 92b]. Wesentliche Potentiale sind gerade in den ersten Abschnitten des Produktentwicklungs- und -entstehungszyklus zu suchen, in denen zwar noch keine hohen Kosten verursacht, aber umso mehr definiert werden.

In der Diskussion über eine mögliche Reduzierung der Fertigungstiefe (z.B. [REIN 94]) nimmt der Produktionsbereich Montage eine Sonderstellung ein. V.a. hinsichtlich der Erwartung seitens der Kunden und schneller Reaktionsmöglichkeiten stellt eine Verlagerung der Montage keinen sinnvollen Lösungsansatz dar. Die Montage ist vor diesem Hintergrund als Kernkompetenz zu sehen [BULL 94].

Auf die Bedeutung einer zeitoptimierten Planung der Montage hinsichtlich der Erlangung von Wettbewerbsvorteilen wird in Kapitel 2.7 getrennt eingegangen.

2.2 Grundlagen der Montagesystemgestaltung

2.2.1 Aufgabe der Montageplanung

Aufgabe der Montageplanung ist es, ein geordnetes und zusammenarbeitendes Gesamtsystem zu entwerfen, in dem die einzelnen Montagebereiche reibungslos ineinandergreifen. Dies kann nur durch eine gezielte Strukturierung des Montagesystems und Auswahl der jeweils am besten geeigneten Lösungsmöglichkeiten erfolgen [BULL 86].

In diesem Kapitel werden die grundlegenden Möglichkeiten zur Strukturierung und Gestaltung von Montagesystemen kurz angerissen. Dazu werden zunächst das Arbeitssystem definiert und später der Aufbau und die prinzipiellen Anordnungs- und Organisationsformen untersucht.

2.2.2 Arbeitssysteme

In einem Arbeitssystem stehen Menschen und Arbeitsmittel in Beziehung zueinander. Das Arbeitssystem dient der Lösung einer Arbeitsaufgabe und führt unter Eingabe von Information, Stoffen und Energie durch das Zusammenwirken von Mensch und Betriebsmittel zu einer Ausgangsgröße, dem Produkt.

Der Montagebereich eines Betriebes und die darin ablaufenden Montagevorgänge stellen ein solches Arbeitssystem dar.

Die Elemente eines Montagesystems sind nach Abbildung 2-4 das Montagepersonal und die Gesamtheit aller Montagemittel, -hilfsmittel und -einrichtungen, die zur Realisierung eines Montageprozesses zusammenwirken. Die Eingabeelemente (Input) in das Montagesystem sind Einzelteile und Baugruppen, die als fertige Produkte (Output) das System verlassen. Der Montageprozeß ist zudem durch die Organisationsform und die Arbeitsumgebung gekennzeichnet.

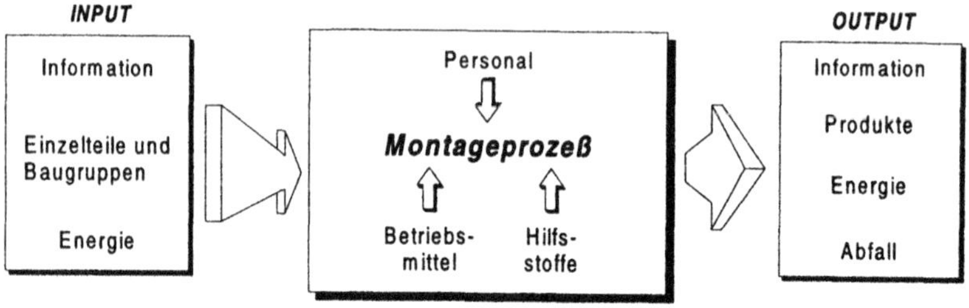

Abb. 2-4: Elemente eines Montagesystems nach [MIES 76]

Der einzelne Arbeitsplatz mit den Systemelementen Mensch und Betriebsmittel wird als **Mikro-Arbeitssystem** bezeichnet und ist durch die Arbeitsplatzgestaltung und die entsprechenden Arbeitsinhalte gekennzeichnet. Hierbei spielt neben der ergonomischen Arbeitsplatzgestaltung auch die erwähnte Arbeitsumgebung eine entscheidende Rolle. Auf die Gestaltung der Mikro-Arbeitssysteme soll im Rahmen der vorliegenden Arbeit nicht näher eingegangen werden. Das **Makro-Arbeitssystem** besteht hingegen aus einer Reihe von Mikro-Arbeitssystemen und beschreibt die Gesamtheit der Teilverrichtungen, die zu einem Fertigungsabschnitt bzw. im Falle der Montage zu einem Montageprozeß gehören [GROB 82, BULL 86].

2.2.3 Aufbau eines Montagesystems

In den seltensten Fällen wird ein Produkt in einer durchgehenden Montage nur aus Einzelteilen zusammengesetzt. Vielmehr gliedern sich Montagesysteme im allgemeinen in mehrere Bereiche, in denen zunächst Baugruppen montiert werden, die anschließend zum Endprodukt zusammengefügt werden. Die maximal denkbare Gliederungstiefe ist abhängig von der Möglichkeit, das Produkt in sinnvolle Baugruppen aufzuteilen [EVER 89].

Ein Montagesystem kann in mehrere Teilsysteme gegliedert werden, die zeitlich parallel zueinander ablaufen und terminlich miteinander verknüpft werden können. Ein Beispiel für eine derartige Struktur ist die Gliederung eines Montagesystems in die Teilsysteme Vormontage und Endmontage. Jedes Teilsystem besteht wiederum aus Montageabschnitten, die durch den Montageablauf miteinander verknüpft sind. Der kleinste Abschnitt eines Montagesystems ist die Montagestation, welcher aus der Montageablaufstruktur abgeleitete Tätigkeiten zugeordnet sind [SAUE 87].

Bei der Strukturierung von Montagesystemen muß stets geprüft werden, inwieweit ein Montagesystem mit großer Gliederungstiefe bzw. mehrere gleichartige Montagesysteme mit geringerer Gliederungstiefe eingerichtet werden können. Mehrere parallele Systeme bieten den Vorteil, bei Veränderungen im Produktionsspektrum flexibler einsetzbar und leichter umrüstbar zu sein. Sie verursachen bei ihrer Einrichtung in der Regel jedoch einen deutlich höheren finanziellen Aufwand, da z.B. Betriebsmittel mehrfach angeschafft werden müssen. Weitere Kriterien zur Beurteilung einer möglichen Montagestruktur lassen sich unter anderem aus den Anforderungen seitens der Beschaffung, der Materialbereitstellung, des Personals, des Vertriebs und der Produktion selbst (z.B. gleichmäßige Auslastung der Montagebereiche) herleiten.

Die Strukturierung hat bereits Auswirkungen auf die Arbeitsteilung bzw. die Kapazitätsplanung im System. Die **Artteilung** mit der sequentiellen Durchführung unterschiedlicher Montageverrichtungen eignet sich beispielsweise mehr für Automatisierungsvorhaben. Der Handlungsspielraum für die Mitarbeiter und die Flexibilität sind bei der **Mengenteilung** mit der parallelen Durchführung gleicher Montageverrichtungen größer. Mischformen bieten eine Optimierungsmöglichkeit in Bezug auf humane und wirtschaftliche Zielsetzungen.

Bei der Planung von Montagesystemen für die Massen- und Großserienproduktion ist die Gliederungstiefe abhängig von der Taktzeit in der Endmontage, die sich aus der je Zeiteinheit zu montierenden Stückzahl ermitteln läßt. Mit Hilfe des Kapazitätsbedarfs der Produkte kann man den Umfang der Montagetätigkeiten ermitteln, die parallel oder arbeitsteilig seriell durchgeführt werden müssen, um in der geforderten Taktzeit alle Bauteile des Produkts montieren zu können. Ausgangsbasis der Montagestrukturierung in der Einzel- und

Kleinserienproduktion ist die gewünschte Durchlaufzeit der Produkte, die aus der vom Kunden geforderten Lieferzeit hergeleitet wird [EVER 89].

2.2.4 Organisatorische Gestaltung

Die Form der räumlichen Zusammenfassung von Arbeitskräften und Betriebsmittel in der Montage zu montagetechnischen Einheiten wird als **Organisationsform** bezeichnet. Die Organisationsformen können nach dem Bewegungszustand der Montageobjekte in die beiden Ablaufkategorien **Verrichtungsprinzip** mit einer stationären Anordnung der Montageobjekte und **Fließprinzip** mit während des Arbeitsprozesses bewegten Montageobjekten unterteilt werden. Abbildung 2-5 zeigt eine weitere Unterteilung der Organisationsformen durch die Betrachtung der Arbeitsplätze, die ebenfalls entweder bewegt werden oder stationär bleiben. Damit ergeben sich die Grundformen Baustellen-, Gruppen-, Reihen-, Taktstraßen- und die kombinierte Fließmontage [EVER 89].

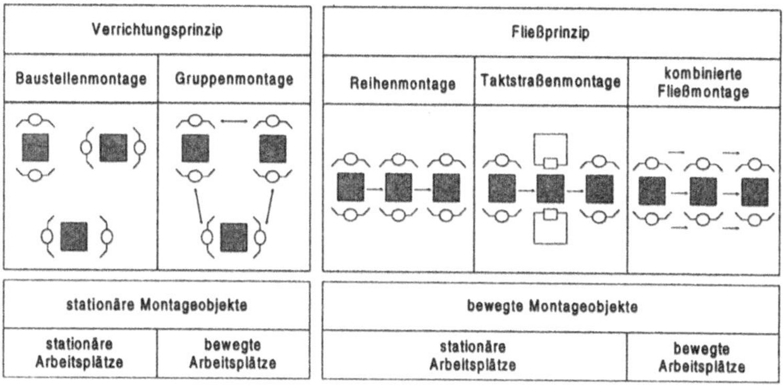

Abb. 2-5: Organisationsformen in der Montage nach [EVER 89]

Das **Flußprinzip** stellt ein weiteres Organisationsprinzip eines Montagesystems dar und charakterisiert den Materialfluß bei verketteten Arbeitsplätzen nach dem Fließprinzip. Dabei ist das **Hauptflußprinzip** repräsentiert durch das klassische Fließband mit starrer Verknüpfung und hohen Stückzahlen. Anzutreffen ist dieses Prinzip daher vor allem bei der Straßen- und Taktstraßenmontage mit klar definierten Arbeitsaufgaben und Taktzeiten [BULL 86].

Beim **Nebenflußprinzip** steht die Entkoppelung vom Takt des Produktflusses im Vordergrund. Eingesetzt wird dieses Prinzip vor allem bei Formen der Reihenmontage mit großer Variantenvielfalt, da durch die Ausschleusung aus dem Hauptmaterialfluß große Taktzeitschwankungen beherrscht werden können.

Das **Umlaufprinzip** bietet sich durch die erhöhte Flexibilität bezüglich Stückzahl, Personal und Variantenvielfalt an. Da Teileeingang und Teileausgang nahe beieinander liegen, ist dieses Prinzip besonders für die kombinierte Fließmontage mit bewegten Arbeitsplätzen interessant.

Eine weitere Differenzierung ergibt sich hinsichtlich der **Anordnungsmöglichkeiten** und der **Verkettung**, wobei hier in unverkettete, Umlauf- und verkettete Systeme unterschieden wird [GROB 82, BULL 86].

Die bei der Planung eines Montagesystems zu berücksichtigenden Einflußfaktoren und die unternehmensspezifischen Erfordernisse lassen selten die ausschließliche Verwendung einer einzigen Organisationsform in allen Bereichen des Montagesystems zu. In der Regel müssen Mischformen oder **Kombinationen** der verschiedenen Organisationsformen eingesetzt werden, um die jeweiligen Anforderungen an die Teilbereiche des Systems optimal zu erfüllen. Dies gilt gleichermaßen für im Montageablauf direkt aufeinanderfolgende Abschnitte eines Bereiches (z.B. aufeinanderfolgende Boxen- und Liniensysteme in der Endmontage), wie für organisatorisch getrennte Bereiche selbst (z.B. verschiedene Organisationsformen in Vor- und Endmontage).

2.3 Überblick über bekannte Planungsmethoden und -ansätze

Die Planung von Produktionsstrukturen für variantenreiche Produkte mit großen Arbeitsinhalten, die eine Aufteilung in mehrere Subsysteme erfordern, stellt eine komplexe Aufgabenstellung dar. Zielgerichtet und zeitoptimiert kann diese Aufgabe nur durchgeführt werden, wenn dabei strukturiert vorgegangen wird.

Die Auflösung der Komplexität wird im Rahmen von Fabrikplanungsaufgaben üblicherweise durch ablauf- (Regelung des räumlichen und zeitlichen Zusammenwirkens von Mensch, Technik und Organisation) und aufbauorganisatorische (Regelung der Verteilung der Aufgaben auf verschiedene Organisationseinheiten) Maßnahmen bestritten. Die Gliederung in einzelne Objekte bzw. Vorhaben, die dann sukzessive bearbeitet werden, fällt dabei den ablauforganisatorischen Punkten zu. Aus der streng abteilungsbezogenen Verteilung der Aufgaben, die immer noch einen Großteil der Unternehmen kennzeichnet, resultieren jedoch eine Vielzahl von Schnittstellen mit entsprechenden Fehlermöglichkeiten und langen Durchlaufzeiten. Hier lassen sich Analogien zur Situation und Problematik der Verbindung von Produktkonstruktion und Arbeitsvorbereitung oder von der Arbeitsvorbereitung zur NC-Programmierung ableiten [KOEP 91, SCHR 92]. Auf diese "Aufteilung in Planungsphasen" wird in Kapitel 2.4. noch näher eingegangen. Die Bildung von Projektteams aus verschiedenen Fachleuten ist eine der wesentlichen aufbauorganisatorischen Maßnahmen [NIEF 93, ZÜLC 93].

Damit nicht einzelne Planungsschritte isoliert betrachtet werden, hat Bullinger [BULL 86] als Grundlage für die systematische Vorgehensweise folgende Planungsprämissen aufgestellt:

- bereichsübergreifende Teamarbeit zur Beachtung der Zielvorstellungen aller Unternehmensbereiche und nicht nur der Produktion,
- erweitertes Zielsystem, das neben den bereichs- auch die unternehmensspezifischen Ziele berücksichtigt,
- ganzheitliche Planung unter Berücksichtigung der verschiedenen Einflußfaktoren auf das Produktionssystem sowie
- Stärkung der konzeptionellen Phase.

Zur Lösung des komplexen Planungsproblems bieten sich die Methoden des Systems Engineering an [DAEN 83, JAEG 91, BICK 92]. Die Montage ist dabei als offenes System zu sehen, das mit seiner Umwelt in Beziehung steht. Die systemtechnische Eingliederung in das übergeordnete Produktionssystem wurde bereits in Kapitel 2.1 erläutert. Der entscheidende Punkt ist hierbei, daß die Montage nicht als isoliertes System betrachtet werden soll, da gerade in der Ein- und Anbindung enorme Rationalisierungspotentiale stecken.

Zu der oben geforderten systematischen Vorgehensweise existiert eine Vielzahl von unterschiedlichen Planungsmethoden, die aber entweder sehr allgemeiner Natur sind [GROB 82, REFA 85, BULL 86] oder sich z.B. nur auf die Einzel- und Kleinserienproduktion beziehen [MIES 76, METZ 77, HOES 78, PEFF 82, EVER 87]. Ein weiterer Schwerpunkt ist bei der Betrachtung flexibel automatisierter Montagesysteme zu sehen [MERZ 87, NOLT 89, DEUT 89, SCHM 92, SCHU 92], wobei der Industrieroboter das tragende Element darstellt. Lotter [LOTT 86] bietet dabei sehr praxisbezogene Planungsrichtlinien für die automatisierte Montage v.a. im Elektrogeräte- und Feinwerkbereich. Bick [BICK 92] beschreibt in seiner Arbeit ein Verfahren zur Ermittlung des optimalen Automatisierungsgrads. Mit der Planung manueller und teilautomatisierter Arbeitsplätze beschäftigen sich z.B. die Arbeiten von Pfrang [PFRA 90a, PRFA 90b] und Kummetsteiner [KUMM 94]. Darüberhinaus gibt es eine Vielzahl von Arbeiten, in deren Mittelpunkt einzelne Montageprozesse (z.B. [SCHU 90, GEBA 92, WISB 92, HOSS 92, KUGE 93]) stehen.

Ansätze, die sich schwerpunktmäßig mit den Einfluß- und/oder Gestaltungsgrößen von Montagen mit einem hohen Anteil manueller Tätigkeiten bei gleichzeitig hohem Teiledurchsatz beschäftigen, fehlen weitgehend. Dies gilt insbesondere dann, wenn sich diese Betrachtung nicht auf einzelne Einflußgrößen beschränken soll. Schmidt [SCHM 90] liefert beispielsweise einen Beitrag zur Bildung von Arbeitsgruppen in Fließmontagen und konzentriert sich auf Maßnahmen der Arbeitsstrukturierung und -organisation. Niefer [NIEF 93] beschäftigt sich in seiner Arbeit in erster Linie mit der Gestaltung von Gruppenarbeit in der Teilefertigung. Viele Aussagen z.B. zu den Aspekten Voraussetzungen und Möglichkeiten oder Planung, Einführung und Optimierung lassen sich aber auch unter Berücksichtigung der teilweise veränderten Randbedingungen (v.a. Betriebsmitteleinfluß) auf den Montagebereich übertragen.

Das Gros der bekannten Planungshilfsmittel beschäftigt sich mit einzelnen Planungsstufen bzw. -phasen oder -aufgaben. Die konventionellen Unterstützungen in Form von Tabellen, Checklisten oder Richtlinien (Beispiele hierzu finden sich in Kapitel 2.5) erfordern vom Planer in der Regel zahlreiche Routinetätigkeiten und beinhalten viele Fehlerquellen. Ihre Anwendung ist oft zeitraubend, wodurch der Planer dann auch nicht für kreative Tätigkeiten entlastet wird. Viele rechnerunterstützte Planungshilfsmittel stellen nur Insellösungen dar, woraus insbesondere die Gefahr der Dateninkonsistenz entsteht. Die Arbeitsteilung wird eher noch gefestigt, so daß entlang der gesamten Prozeßkette weiter mangelnde Effizienz zu kritisieren ist [MILB 91].

Bei der Mehrzahl der Ansätze findet sich eine deutliche Trennung nach einem Einfluß- bzw. Gestaltungskriterium (Organisation, Materialflußplanung, Steuerung, Gestaltung der Arbeitsumgebung). Es fehlt an durchgängigen Methoden zur konzeptionellen Entwicklung von Montagesystemen [GROB 82, BULL 86]. Gefordert sind daher u.a. Rechnerhilfsmittel, die bei der Effizienzsteigerung und der Zeitverkürzung eine bedeutende Rolle spielen. Dies kann über Projektmanagement- und Leittechnikansätze, integrierte Modelle und die Simulation erreicht werden [MILB 92a]. Mit dem Einsatz von Ablaufsimulationssystemen wird auch die Abkehr von der isolierten Betrachtung einzelner Fragestellungen versucht. Daher wird auf dieses Planungshilfsmittel in Kapitel 4 nochmals getrennt eingegangen.

In vielen aktuellen Beiträgen (z.B. [BULL 94, MILB 94, REIN 94]) wird zur Verbesserung der Wettbewerbsfähigkeit eine Integration der drei Bereiche Technik, Organisation und Personal gefordert (s.a. Abb. 2-6). Es soll hier ausdrücklich nicht zu einer Fixierung auf einen der drei Faktoren kommen. Vielmehr gilt es, das Zusammenspiel der einzelnen Größen und die innerbetrieblichen Abhängigkeiten zu berücksichtigen. Für die Planung bedeutet dies, daß nicht zunächst einzelne Kriterien ausgeplant und detailliert werden und dann im zweiten Schritt z.B. erst die Organisationsform festgelegt wird. Andernfalls nimmt man eine erhebliche Einschränkung des Potentials in Kauf.

Einseitige Anstrengungen auf Seiten der Technik in Richtung Automatisierung sind beim betrachteten Produktspektrum wie eine reine Humanzentrierung als wenig erfolgsversprechend einzustufen. Die vielen Änderungen und Umstellungen infolge der stark kundenorientierten Produktion stellen die Wirtschaftlichkeit derartiger Systeme in Frage. Technische Lösungen, die überschaubar und beherrschbar sein sollten, greifen wie vorne bereits erwähnt hier weniger bei der Automatisierung einzelner Arbeitsumfänge, sondern eher bei den nicht wertschöpfenden Tätigkeiten. So bergen gerade die angepaßte Material- und Informationsbereitstellung noch ein erhebliches Potential.

Die Betrachtung des Einflußfaktors Personal erfordert das Erkennen der dort ruhenden Potentiale, die effizient genutzt werden können, wenn entsprechende Freiräume geschaffen werden. Ohne Berücksichtigung der individuellen Bedürfnisse und Fähigkeiten der Mitarbeiter (v.a. hinsichtlich Fortbildungs- und Qualifizierungsmaßnahmen) wird man auch hier nur mangelhafte Erfolge erzielen können. Diese Freiräume erfordern dann auch eine angepaßte Organisationsform.

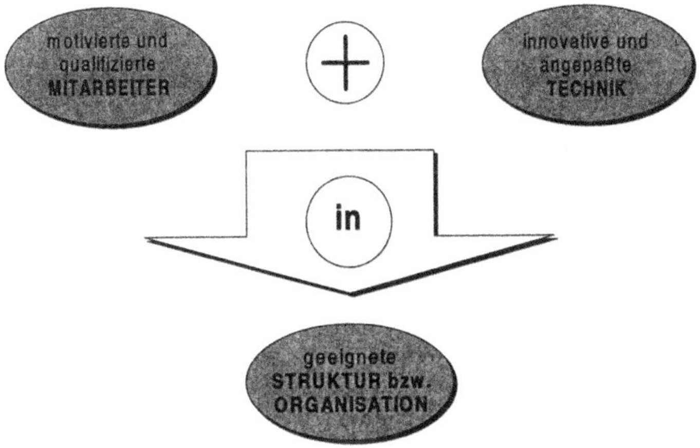

Abb. 2-6: Zusammenspiel Technik, Organisation und Personal

Den Gestaltungsfeldern mit ihrer gegenseitigen Abhängigkeit wird aber gerade bei stark arbeitsteiligen Planungsstrukturen nur sehr wenig Aufmerksamkeit geschenkt.

2.4 Aufteilung in Planungsphasen

Die Aufteilung des Gesamtproblems in Planungsphasen ist wie oben dargestellt ein wesentlicher Schritt zur Reduzierung der Planungskomplexität.

Aus den verschiedenen, in der Literatur existierenden allgemeinen Vorgehensweisen zur Systemgestaltung und den spezielleren Ansätzen zur Planung von Produktions- und Arbeitssystemen für die Montage (z.B. [GROB 82, BULL

86, LOTT 86, REFA 90, JAEG 91, SCHU 92]) wurde für die weitere Betrachtung die in Abbildung 2-7 dargestellte Vorgehensweise abgeleitet.

Die weiteren Betrachtungen beziehen sich in erster Linie auf die Phasen der Grob- und Feinplanung. Die wesentlichen Aufgabenstellungen in diesen Planungsstufen wurden in die Abbildung 2-7 aufgenommen.

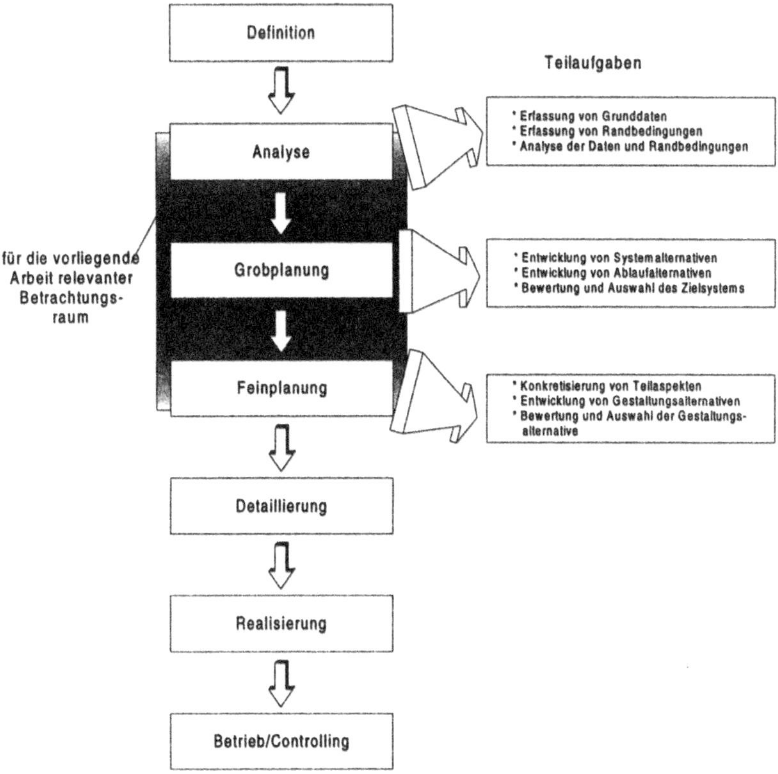

Abb. 2-7: Aufteilung in Planungsphasen

Zu Beginn einer Planung ist stets ein strategischer Impuls erforderlich [SCHM 90]. Die Notwendigkeit einer strategischen Planung wird durch die GAP-Analyse [HEIN 92] verdeutlicht, die ein Instrument zur Früherkennung strategisch relevanter Marktentwicklungen darstellt. Es wird die geplante Entwicklung einer Zielgröße (z.B. Auftragseingang, Umsatz, Gewinn, RoI) über die Zeit der prognostizierten Entwicklung bei Beibehaltung der aktuellen strategischen Ausrichtung gegenübergestellt (s.a. Abb. 2-8). Die Lücke zwischen den beiden Kurven kann i.d.R. nur zum Teil durch operative Maßnahmen geschlossen werden.

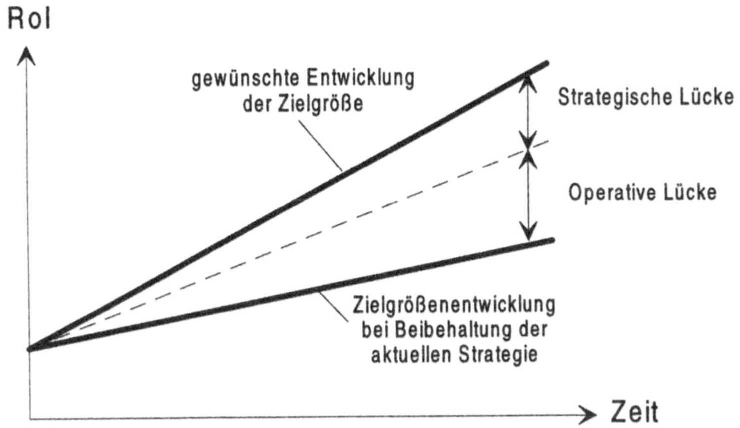

Abb. 2-8: Visualisierung der strategischen Lücke

Die Aufgabe des Systementwurfs, die hier auf das Makrosystem beschränkt werden soll und damit auf die detaillierte Betrachtung bzw. Gestaltung der einzelnen Arbeitsplätze nicht eingeht, fällt dabei in die Phasen Grob- und Feinplanung. Nach der Festlegung der Erzeugnis- und der Montageablaufstruktur sowie der Kapazitätsteilung sind im Rahmen des Montagesystementwurfs das Layout, die Organisation, die Materialbereitstellung und die Materialflußgestaltung festzulegen [BULL 86]. Gängige Verfahren der Zeitwirtschaft, die v.a. bei der Kapazitätsteilung eine wesentliche Rolle spielen, sind nach Schimke [SCHI 91] das Schätzen und Vergleichen, Zeitaufnahmen nach REFA oder Systeme vorbestimmter Zeiten (WorkFactor oder MTM).

Aus den verschiedenen erarbeiteten Lösungsvarianten wird dann nach einer strukturierten Bewertung ein Konzept ausgewählt. Anschließend erfolgt die

Einplanung des Produktionsprogramms, die aufgrund ihrer Bedeutung gerade bei der Montage variantenreicher Produkte in Kapitel 2.6 getrennt dargestellt wird.

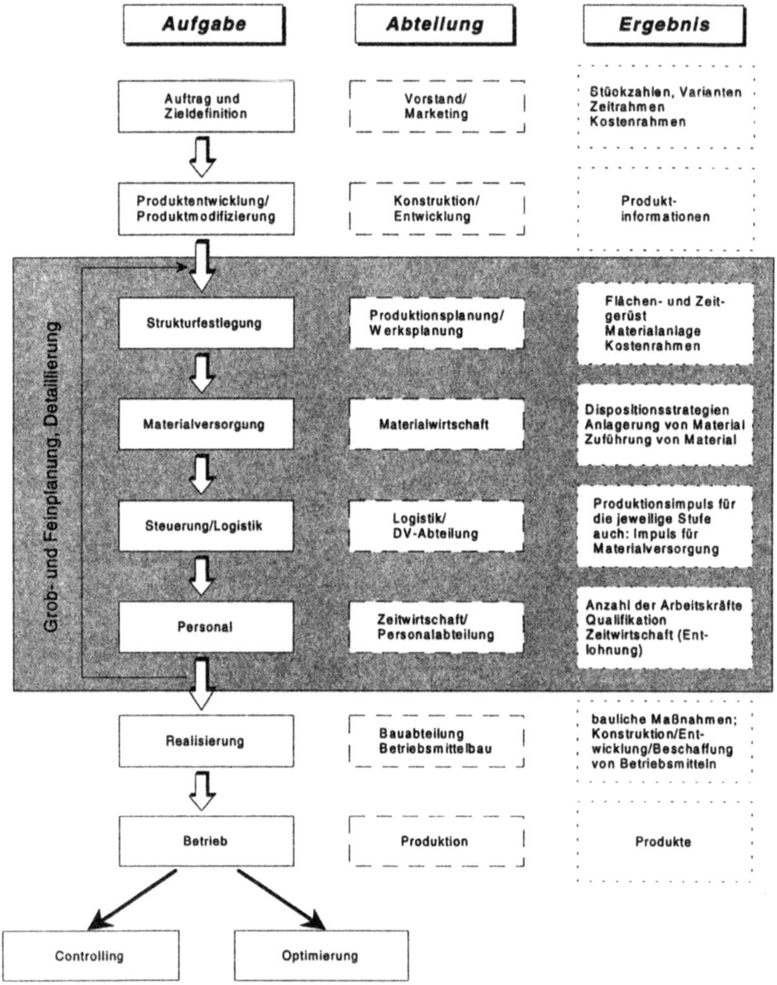

Abb. 2-9: Traditionelle Aufgabentrennung in der Planung

Die bereits angedeutete und in Abbildung 2-9 anhand eines Beispiels dargestellte abteilungsbezogene Aufteilung der Arbeiten führt v.a. in den Phasen Grob- und Feinplanung sowie der Detaillierung zu wiederholten und somit zeitraubenden Durchläufen.

Eine Abteilung beginnt z.B. nach den Vorarbeiten der Produktentwicklung bzw. -modifizierung mit der Festlegung des Flächen- und Zeitgerüsts und sieht dabei bereits - wenn auch noch in wenig detaillierter Form - die Materialanlage vor. Dazu strukturieren die Mitarbeiter der Abteilung ihren Part der Planungsaufgabe, erarbeiten verschiedene Lösungen und wählen dann eine Variante aus. Diese Variante dient der nächsten Abteilung (hier stellvertretend der Materialwirtschaft) als Vorgabe. Der Lösungsraum ist damit bereits erheblich eingeschränkt. In jeder Planungsstufe werden für die Nachfolger Randbedingungen und Ziele vorgegeben, die bei einer entsprechend starken Untergliederung und einer damit einhergehenden starken Einschränkung des Lösungsraums häufig zeitraubende Rekursionen notwendig machen.

Die Gebäudeplanung stellt in diesem Zusammenhang eine im Rahmen der Analysephase zu berücksichtigende Randbedingung dar. Sie darf jedoch nicht isoliert betrachtet und bearbeitet werden, sondern ist als integrierter Baustein der Fabrikplanung zu sehen [AGGT 81, KETT 84, HALL 92]. Die baulichen Vorgaben mit Definition eines bestimmten Hallen- oder Stützenrasters, die z.B. nach Materialflußgesichtspunkten (Anbindung an ein Schienennetz) oder der gewünschten Trennung von Material- und Personenverkehr erfolgt, können eine optimale Lösung für die Zuführung und Anlagerung von Material an den einzelnen Montagestationen erheblich erschweren.

2.5 Planungshilfsmittel für ausgewählte Detailaufgaben

Bisher wurde die vielschichtige Gesamtplanungsproblematik aufgezeigt. Der Weg über eine Aufteilung in verschiedene Projektphasen stellt einen sinnvollen Lösungsansatz dar, wobei die einzelnen Phasen und Aufgaben keinesfalls isoliert betrachtet werden dürfen. Es soll nun eine Auswahl von Hilfsmitteln und Systematiken gegeben werden, die an entscheidenden Stellen im Planungsablauf zum Einsatz kommen.

Für die Aufgaben der **Projektorganisation** (Management, Planung und Steuerung) stehen viele, auch EDV-gestützte Planungshilfsmittel zur Verfügung. Als Beispiel seien hier Netzplan, Balkendiagramm oder Projektstrukturplan genannt [BULL 86]. Ein Schwerpunkt dieser und ähnlicher Systeme liegt dabei auf der schritthaltenden Dokumentation der Daten und Ergebnisse, was für den Planungserfolg von vitaler Bedeutung ist.

Zur Festlegung der Ablaufstruktur werden die Produktinformationen in Form des **Montagevorranggraphen** herangezogen, der die Teilverrichtungen in ihrer zeitlichen Abhängigkeit darstellt und dem Netzplan ähnelt. Die Vorrangmatrix ist dabei nur eine andere Darstellungsform, die sich für die rechnergestützte Weiterverarbeitung eignet. Es gibt auch Ansätze, den Vorranggraphen rechnergestützt auf Basis der Demontagereihenfolge zu entwickeln [AMME 84, FROM 88].

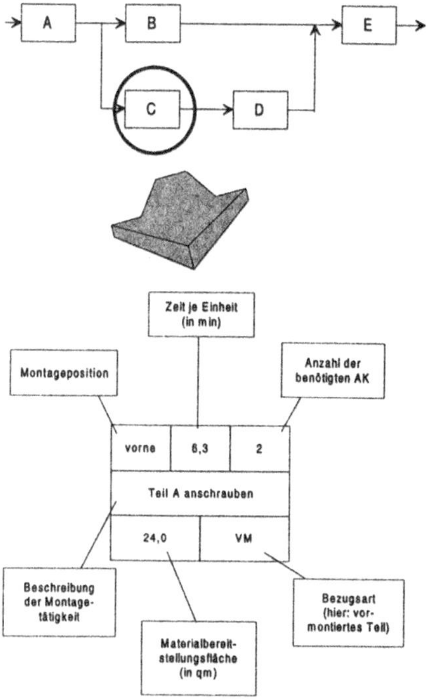

Abb. 2-10: Erweiterer Vorranggraph

Im Rahmen verschiedener Industrieprojekte hat es sich als sinnvoll herausgestellt, den Vorranggraphen mit weiteren signifikanten Informationen anzureichern (Beispiel: siehe Abb. 2-10).

Die Angabe der Montageposition ist für die Frage der Zusammenfassung mehrerer Arbeitsinhalte in einer Station bei Einsatz mehrerer Mitarbeiter von Interesse, damit hier eine gegenseitige Behinderung der Mitarbeiter ausgeschlossen werden kann. Die Aufnahme der Information "Materialbereitstellungsfläche" kann sehr früh Hinweise auf eine geeignete Verteilung der Tätigkeiten liefern, um so beispielsweise extreme Materialanhäufungen an einzelnen Abschnitten zu vermeiden. Die oben dargestellten Kriterien können je nach Einsatzfall ergänzt werden. So können u.U. auch Hinweise auf speziell benötigte Energiequellen (z.B. für Prüfaufgaben) sinnvoll sein. Im Rahmen des Planungsbeispiels in Kapitel 6 werden beispielsweise Informationen zum Thema "Zeitspreizung" in den Vorranggraphen aufgenommen.

Es gibt allerdings Produkte, die aufgrund ihres Aufbaus eine eindeutige Beschreibung der Reihenfolgebeziehungen mittels Vorranggraph nicht zulassen. Hier muß dann auf Petri-Netze ausgewichen werden [NOLT 89].

Eine **materialflußgerechte Gestaltung der Montageabschnitte** ist die Voraussetzung für geringe Transportkosten, geringe Bestände und Kapitalbindung, eine transparente Anordnung und einen flexiblen Ablauf. Die systematische Entwicklung materialflußgerechter Anordnungen verläuft z.B. in folgenden Teilschritten:

- Erfassung der Materialflüsse
- Bewertung deren Intensität (Transportmatrix)
- Sankey-Diagramm
- Alternativengewinnung (Dreieck-Verfahren)
- Umsetzung in maßstäbliche Layoutalternativen.

Bei der Bewertung der Materialflußintensität spielen den Materialfluß beschreibende Größen wie Umschlaghäufigkeit, Gewicht, Größe oder Empfindlichkeit eine Rolle. Mit den Werten der Transportmatrix kann für das Ist-Layout ein Sankey-Diagramm erstellt werden. Der nächste Schritt ist die Erarbeitung unterschiedlicher Layoutvorschläge. Beim Dreieckverfahren werden die einzelnen Positionen der Transportmatrix durch Knotenpunkte eines Dreieckgitters repräsentiert. Beginnend mit den höchsten Transportintensitäten werden die Einzelpositionen schrittweise in das Gitter eingetragen. Zur Umsetzung der prinzipiellen Anordnungen in tatsächliche Layouts werden die Knotenpunkte durch maßstäbliche Flächen der jeweiligen Arbeitsplätze, Puffer oder Teilebehälter unter Berücksichtigung der gültigen Vorschriften (z.B. Mindestabstände) ersetzt [AGGT 81, KETT 84, SAUE 87].

Abbildung 2-11 zeigt dieses Verfahren für ein sehr einfaches Beispiel.

von \ nach	AP 1	AP 2	Pu 1	TB 1
AP 1				10
AP 2				
Pu 1		10		
TB 1		5		

Transport-matrix

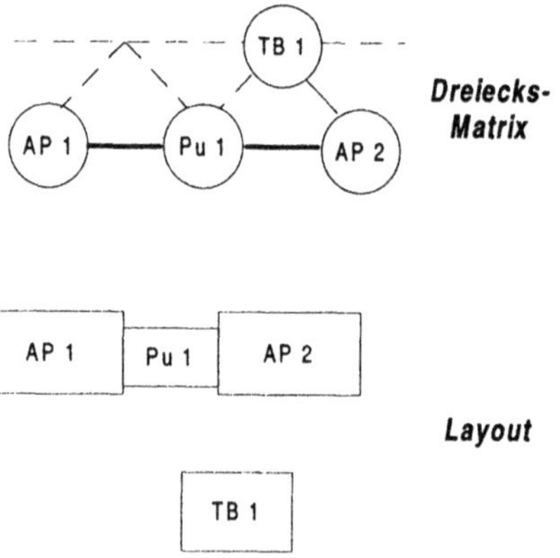

Abb. 2-11: Systematik zur materialflußgerechten Gestaltung von Montagearbeitsplätzen

Stolz [STOL 88] setzt sich in seiner Arbeit mit der Gestaltung des innerbetrieblichen Materialflusses auseinander und liefert hierzu einen guten Überblick.

Auf dem Gebiet der Materialflußplanung wurden in den letzten Jahren eine ganze Reihe von rechnergestützten Hilfsmitteln entwickelt. Als stellvertretendes Beispiel sei hier das Programmpaket "CAMPO" genannt [HARD 94].

Ein Beispiel für eine sehr allgemein gehaltene Checkliste zum Entwurf von **Prinzipanordnungen** zeigt Abbildung 2-12.

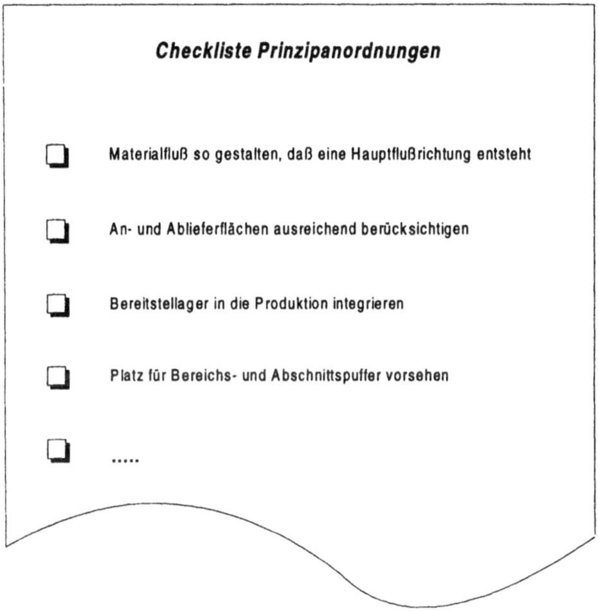

Abb. 2-12: Ausschnitt aus einer Checkliste für Prinzipanordnungen nach [BULL 86]

Für den Planungsaspekt "**Arbeitsplatzanordnung**" stehen - wie in Abbildung 2-13 exemplarisch dargestellt - Übersichten zur Prinzipanordnung von mehreren Arbeitsplätzen zur Verfügung. Dort finden sich dann Hinweise zur geeigneten Verknüpfung durch Verkettungsmittel [GROB 82, BULL 86, LOTT 86].

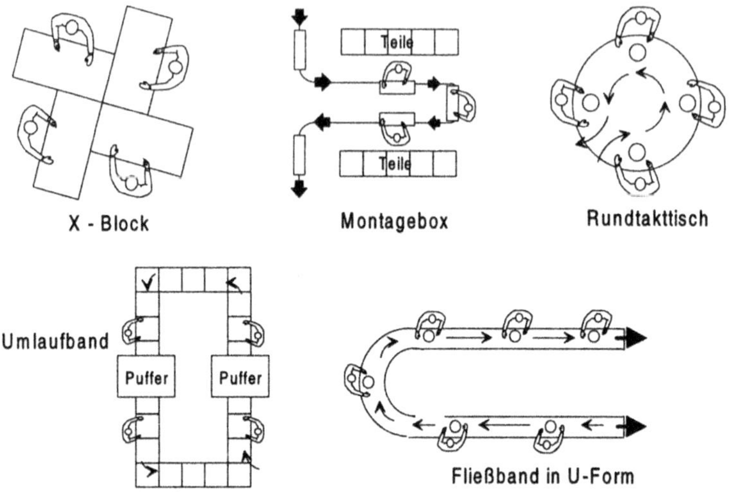

Abb. 2-13: Auswahl möglicher Arbeitsplatzanordnungen nach [GROB 82, BULL 86]

Die **Bewertung** der erarbeiteten Layoutalternativen erfolgt nach quantitativen und qualitativen Kriterien. Für die monetär quantifizierbaren Kriterien wird die dynamische oder statische Wirtschaftlichkeitsrechnung herangezogen, während zur Beurteilung monetär nicht quantifizierbarer Kriterien die Nutzwertanalyse oder die Systemwertermittlung dienen (u.a. [METZ 77]). Im weiteren Verlauf der Arbeit werden diese Methoden noch exemplarisch angewandt.

Die im Rahmen der Arbeit vorgestellten Planungshilfsmittel werden in Abbildung 2-14 in ihrem zeitlichen "Wirken" in verschiedenen Planungsstufen gezeigt.

REFA [REFA 90] bietet vergleichbare Überblicke über Methoden und Hilfsmittel in unterschiedlichen Planungsstufen.

Es soll hier noch kurz auf den Punkt "Erarbeiten von Produktionsabläufen" eingegangen werden. REFA [REFA 90] fordert, daß die Erarbeitung von Lö-

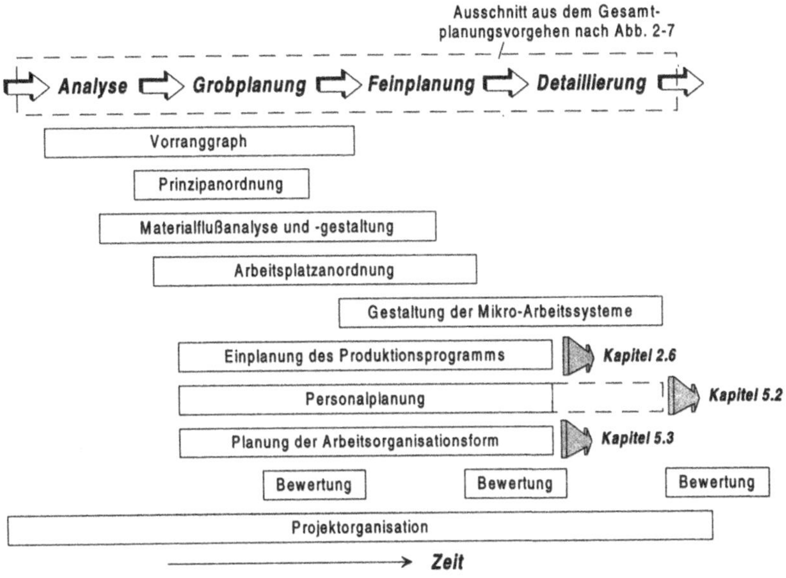

Abb. 2-14: Ausgewählte Planungshilfsmittel in verschiedenen Planungsphasen

sungsalternativen nicht nur ausgehend vom Ist-Zustand (induktives Vorgehen), sondern in der Entwurfsphase auch ausgehend von einem Idealzustand (deduktives Vorgehen) erfolgt. Auf diese Art und Weise können am ehesten ein Verharren auf dem momentanen Status verhindert und echte Fortschritte in der Produktionstechnik verwirklicht werden.

Im Mittelpunkt der bisherigen Betrachtungen stand die Montagestruktur, also das Makrosystem. Für die Gestaltung der Mikro-Arbeitssysteme gibt es eine Vielzahl von Ansätzen, die zunehmend auch in Richtung durchgängiger und wirkungsvoller Rechnerunterstützung (z.B. über die graphisch-interaktive 3D-Simulation) gehen.

Als Beispiel soll das grafische 3D-Simulationspaket "AnySIM" vom Institut für Produktionstechnik herangezogen werden, das ein breites Einsatzgebiet abdeckt. So können mit diesem Paket für die Gestaltung automatisierter Mikro-

Arbeitssysteme neben Robotersimulationen und Offline-Programmierung auch NC-Simulationen mit Bauteilaktualisierung, Kollisionskontrolle und Spannplanerstellung, Virtual Prototyping oder Einbauuntersuchungen durchgeführt werden. Ferner bietet das System die Möglichkeit, manuelle oder teilautomatisierte Montageplätze zu untersuchen [LINN 94]. Neben der Arbeitsplatzgestaltung und der Bewegungssimulation sind Zeitanalysen nach dem MTM-Grundverfahren sowie Haltungs- (nach dem OWAS-Verfahren) und Kraftanalysen (nach Burandt/Schultetus-Verfahren) möglich [ifp 94]. Die Einhaltung ergonomischer Richtlinien (z.B. [GROB 82, BULL 86, REFA 90, KIRC 90]), die im Rahmen der Feinplanung als einer der entscheidenden Punkte zu sehen ist, kann durch den Einsatz dieses Hilfsmittels gewährleistet werden.

Die Ergonomie, nach REFA [REFA 90] definiert als die Lehre von der menschlichen Arbeit, verfolgt neben der körper- und belastungsgerechten Gestaltung von Arbeitsplätzen auch das Ziel der Minimierung störender Umgebungseinflüsse. Gerade bei Montagen mit einem hohen Anteil manueller Tätigkeiten spielt sie zur Ausschöpfung der Rationalisierungspotentiale eine wichtige Rolle.

Basierend auf der Technik der virtuellen Realität hat das Fraunhofer-Institut für Arbeitswirtschaft und Organisation ein Tool entwickelt, das z.B. die Zugänglichkeit der Produkte und damit den zur Verfügung stehenden Montageraum in Betracht zieht. Ein wesentliches Einsatzgebiet wird v.a. bei der Planung der Montage großvolumiger Bauteile gesehen [HEGE 94].

Auf der Komponentenebene finden zunehmend auch FEM-Simulationspakete zur Untersuchung des Deformierungsverhaltens nachgiebiger Bauteile in der Planung automatisierter Mikro-Arbeitssysteme Einsatz [MILB 91, SCHU 92, REIN 94].

Bei variantenreichen Montagen spielt u.a. eine angepaßte Informationsbereitstellung zur Vermeidung unproduktiver Mehraufwände (sog. "geistiges Rüsten") eine Rolle. Als Lösung bieten sich hier neben als Systemlösung erhältlichen Informationstafeln (mit einer Beschränkung des darstellbaren Datenvolumens, z.B. [BOSC 91]) EDV-gestütze Informationssysteme an.

2.6 Einplanung des Produktionsprogramms

2.6.1 Verlustzeiten als Rationalisierungsansatz

Wie oben bereits dargestellt, ist im Rahmen der Ablaufplanung u.a. die Einplanung des Produktionsprogramms vorzunehmen. Bei der bedarfsgerechten Montage in kleinen Losen, der sog. Modell-Mix-Montage [KOET 86], ist neben der geeigneten Materialbereitstellung zur Erzielung einer hohen Wirtschaftlichkeit auf die Ausnutzung der Produktionskapazitäten ein besonderes Augenmerk zu legen.

Nach Schmidt [SCHM 90] entfallen in der Automobilendmontage (= manuelle Modell-Mix-Montage) 72% der Gesamtkosten auf Personalkosten. Die Gesamtarbeitszeit teilt sich hierbei wiederum in die drei Blöcke Hauptzeit (wirkliche Wertschöpfung), Nebenzeit (Wege- und Prüfzeiten) und Verlustzeiten (Taktausgleich, Modell-Mix-Verluste, Störzeiten) auf. Die Taktausgleichszeiten haben nach von Schmidt [SCHM 90] veröffentlichten Untersuchungen einen Anteil von 9%, die Modell-Mix-Verluste von 13% an der Gesamtarbeitszeit. Koether [KOET 86] gibt diese Werte mit 10% (Taktausgleich) bzw. 8% (Modell-Mix-Verluste) an. Der Anteil der Verlustzeiten birgt demnach ein großes Rationalisierungspotential in sich. Nachfolgend soll ein kurzer Überblick über Entstehung der Verlustzeiten, Verfahren zur Leistungsabstimmung und Ansätze zur Reduzierung der Verlustzeiten gegeben werden.

Im Block "Nebenzeiten" können die Wegezeiten in erster Linie durch eine geeignete Layoutgestaltung (Vorschläge: siehe z.B. Prinzipanordnungen in Kapitel 2.5) und die Prüfzeiten durch eine entsprechende Produktgestaltung sowie durch organisatorische Maßnahmen (z.B. Integration von Prüfaufgaben in die Arbeitsumfänge des Monteurs anstelle des Einsatzes separater, nicht an der unmittelbaren Wertschöpfung beteiligter Kontrolleure) gesenkt werden. Diese Aspekte werden im Laufe der Arbeit noch an verschiedenen Stellen aufgegriffen, so daß hier auf eine ausführlichere Darstellung verzichtet wird.

2.6.2 Entstehung der Verlustzeiten

Unter Berücksichtigung der Reihenfolgebeziehungen werden im Rahmen der sog. Leistungsabstimmung oder Abtaktung Teilarbeitsfolgen zu Arbeitsfolgen bis maximal zur Taktzeit zusammengefaßt. Da es in der Regel nicht gelingt, einzelne Stationen ausschließlich mit aufgabenorientierten Tätigkeiten auszulasten, entstehen Taktverluste. Die Taktausgleichszeit ist demnach die Differenz zwischen Taktzeit und Verrichtungszeit der Arbeitsfolgen in der jeweiligen Montagestation [KOET 86, BULL 86, SCHM 90].

Bei der Modell-Mix-Montage entstehen durch die unterschiedlichen Vorgabezeiten der Varianten zusätzliche Verlustanteile in Form der sog. Modell-Mix-Verluste.

Abbildung 2-15 zeigt am Beispiel einer Station mit drei Varianten mit unterschiedlichen Vorgabezeiten ($t_{Var.\ A}$, $t_{Var.\ B}$ und $t_{Var.\ C}$) die Entstehung der Taktausgleichszeiten und der Modell-Mix-Verluste.

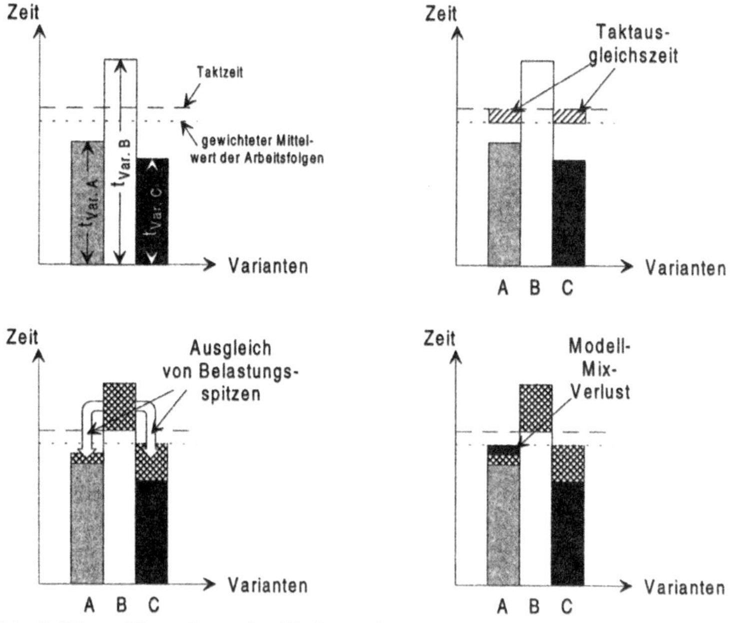

Abb. 2-15: Entstehung der Verlustzeiten

Falls sich die Aufteilung nicht - wie in Abbildung 2-15 dargestellt - am statistischen Mittelwert aus den Häufigkeiten und den Verrichtungszeiten der verschiedenen Varianten, sondern nach der arbeitsintensivsten Variante richtet, liegen die Modell-Mix-Verluste gerade bei variantenreichen Produktionen noch weitaus höher. Sobald deutliche Spitzen bei der Bearbeitungszeit für einzelne Varianten in einer Station auftreten, wird in der Regel nach der ersten Methode (mit der Mittelwertbildung) verfahren [SCHM 90].

2.6.3 Verfahren zur Leistungsabstimmung

Die Leistungsabstimmung hat das Ziel, die Tätigkeiten zur Montage eines Produkts den Stationen, beispielsweise einer Montagelinie so zuzuordnen, daß der Arbeitsumfang der einzelnen Stationen zeitlich aufeinander abgestimmt ist und Verlustzeiten vermieden werden [SCHA 86, BULL 86].

Der gesamte in einem System zu montierende Arbeitsinhalt wird in Teilverrichtungen zerlegt, die den einzelnen Teilsystemen zugeordnet werden müssen. Unter Beachtung der Vorrangbeziehungen werden so Arbeitspakete gebildet, die auch unter Kostengesichtspunkten (in der Regel über eine Maximierung der Stationsauslastung) eine optimale Lösung darstellen.

Zur schnellen und exakten Lösung des Problems der Leistungsabstimmung wurden seit 1955 zahlreiche Verfahren mit speziellen Systematiken und oft unter Einsatz elektronischer Datenverarbeitung entwickelt.

Ein wesentliches Unterscheidungsmerkmal der Verfahren ist die Gültigkeit für die Einmodell- oder die Mehrmodell- bzw. Modell-Mix-Fertigung.

Selbst bei der mathematisch noch einigermaßen beherrschbaren Einmodellfertigung ergeben sich bei der Zuteilung zwangsläufig Kapazitätsverluste, da Teilverrichtungen nicht beliebig unterteilt werden können und gewisse Obergrenzen (z.B. die Taktzeit an Montagebändern) nicht überschritten werden dürfen. Einen Überblick über die Vielzahl der zu dieser Problematik veröffentlichten Arbeiten mit analytischen (z.B. Verfahren von E.M. Mansoor) oder heuristischen (z.B. Positionswertregel von Helgeson und Birnie, Vorrangregel, Verfahren von Tonge) Ansätzen wird u.a. bei Koether [KOET 86] oder Schad [SCHA 86] gegeben.

Im Falle der Mehrmodellfertigung kommen mit den Variablen "Anzahl" und "Häufigkeit" der Varianten weitere Größen hinzu, die die Aufgabe der Austaktung erheblich erschweren. Auch hier sollen aus der Vielzahl der Arbeiten zu dieser Problematik nur exemplarisch die Ansätze von Thomopoulos [THOM 66, BULL 86], Görke [GOER 78] und Koether [KOET 86] genannt werden.

Trotz aller Bemühungen ist kein allgemein gültiger Algorithmus zur Lösung der Problematik bekannt. Sämtliche Verfahren sind jeweils nur unter bestimmten Einschränkungen gültig und finden daher in der Praxis nur vereinzelt Einsatz [SCHM 90].

2.6.4 Maßnahmen zur Reduzierung der Verlustzeiten

Zur Verringerung von Verlustzeiten wurden in einer Vielzahl von Arbeiten (z.B. [KOET 86, BULL 86, SCHA 86, SCHO 89, SCHM 90, FREM 93]) verschiedene Verfahren zur Modellfolgebestimmung und -optimierung diskutiert. Die Modellfolge beeinflußt in erster Linie die Modell-Mix-Verluste und ist als ergänzendes System zur Leistungsabstimmung zu sehen. Die Grenzen des Verfahrens liegen in der kurzfristigen Reihenfolgebestimmung, wenn nur geringe Auswahlmengen an Modellen und/oder geringe Pufferkapazitäten vorhanden sind [SCHM 90].

Als wesentliche Maßnahmen zur Verringerung der Verlustzeiten lassen sich folgende Punkte zusammenfassen:

- Optimierung der Modellfolge
- Verringerung der Gesamtstreuung der Stationszeiten
- Vergrößerung der Stationsbereiche
- Unterteilung des Gesamtsystems in entkoppelte Subsysteme
- montagegerechte Produktgestaltung
- Montageautomatisierung
- rechnergestütze Montageplanung und -steuerung

- Strukturierung und Organisation unter gemeinsamer Betrachtung der technischen, organisatorischen und humanitären Gesichtspunkte.

Diese Maßnahmen sind durch die Produktkonstruktion, die Arbeitssystemgestaltung, die Leistungsabstimmung und die Fertigungssteuerung wesentlich zu beeinflussen. Wieder wird die enge Vernetzung der eigentlichen Montage mit anderen Abteilungen deutlich.

Auch der hohe Aufwand für eine Reihenfolgebildung, die möglichst allen Montagestufen gerecht werden soll, wird schnell klar. Hier greifen wieder die Ansätze der Rückverlagerung von Verantwortung und Zuständigkeiten auf die Werkstattebene. Wenn die kurzfristige Disposition auf diese Instanz übertragen wird (z.B. nach Einführung von Gruppenarbeit), wird zum einen die übergeordnete Steuerungs- bzw. Dispositionsebene entlastet und zum anderen wachsen die Freiräume für die Mitarbeiter. Entscheidend ist hierbei, daß von der Struktur her entsprechende Voraussetzungen geschaffen werden, die diese Freiheitsgrade beinhalten.

Bevor nun im nächsten Kapitel das Betrachtungsspektrum näher spezifiziert wird, soll zunächst der Faktor "Zeit" als für die Wirtschaftlichkeit der Planung und des Gesamtsystems entscheidende Größe dargestellt werden.

2.7 Zeit als planungsbestimmender Faktor

Bei den weitgehend gesättigten Märkten lassen sich Wettbewerbsvorteile über eine Kostendegression infolge einer Erhöhung der Menge kaum mehr erzielen. Wie in Abbildung 2-16 dargestellt, gilt es vielmehr, möglichst innovative (und damit zwangsweise oft auch komplexe) Produkte früh auf den Markt zu bringen und so über die frühe Produktionserfahrung entsprechende Kostenvorteile zu erzielen [MILB 88, MILB 91, VDI 92].

Infolge der kurzen Produktlebenszyklen ist der zeitliche Spielraum bis zum Erreichen der Gewinnschwelle deutlich kleiner geworden.

Die Zeit als knappe Ressource ist damit entlang der gesamten Prozeßkette von der Produktentwicklung und -konstruktion bis zur Produktion und weiter zur

Nutzung und Entsorgung zu berücksichtigen. Damit ist auch der Bereich der Montageplanung betroffen [DEUT 89].

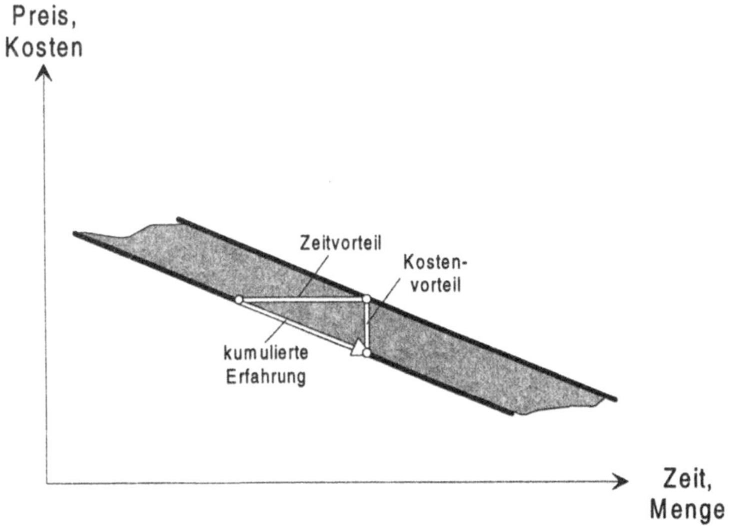

Abb. 2-16: Erfahrungskurve nach [MILB 88]

Prinzipielle Möglichkeiten zum Zeitsparen ergeben sich - unabhängig von der betrachteten Phase - aus folgenden Punkten [MILB 91, MILB 92a]:

- Verkürzung der Ausführungszeiten
- Einsatz geeigneter Hilfsmittel
- Verringerung der Schnittstellenzahl durch Integration und Parallelschalten von Tätigkeiten.

Ein verstärkter Einsatz von Methoden und Hilfsmitteln führt in der Planungsphase zu einem erheblichen Zeitvorteil gegenüber dem herkömmlichen Vorgehen (s.a. Abbildung 2-17). Der damit verbundene Kostennachteil durch den erhöhten Aufwand wird hinsichtlich seiner Auswirkungen auf das Ergebnis von den Vorteilen eines früheren Markteintritts deutlich überkompensiert [BULL 86, MILB 92b].

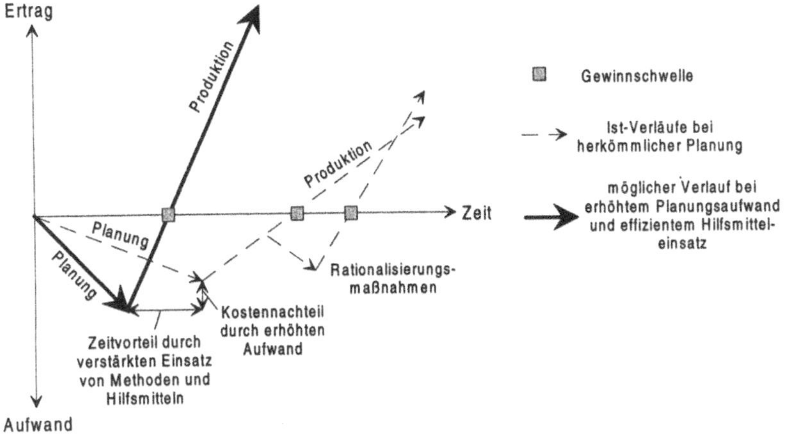

Abb. 2-17: Aufwands- und Ertragsverschiebung bei verändertem Planungsvorgehen nach [BULL 86]

In der Praxis wird der Aufwand infolge der personellen Begrenzung der Planungskapazitäten und der engen Terminierung nicht sehr hoch getrieben. Die Phase der Produktionsplanung stellt aber aufgrund der fehlenden oder oft heterogenen Werkzeuge im Vergleich zu den vor- und nachgelagerten Aufgaben den zeitlichen Engpaß dar. Die geforderte Zeitreduzierung darf aber in diesem Bereich nicht auf Kosten einer adäquaten Alternativenberücksichtigung gehen. Des weiteren muß auch der Vernachlässigung wesentlicher Kriterien, einer unzureichenden Detaillierung und einer mangelhaften Dokumentation entgegengewirkt werden [KUMM 94].

3 Eingrenzung der Planungsaufgabe

3.1 Montage mit vielfältigen Einflußfaktoren

3.1.1 Abgrenzung und Modellbildung

Im vorangegangenen Kapitel wurde die Montage als Part des Produktionssystems mit den material- und informationsflußtechnischen Schnittstellen dargestellt. Jetzt soll der Teilbereich Montage detaillierter untersucht werden. Da hier neben den beiden Aspekten Material und Information eine ganze Reihe weiterer Faktoren berücksichtigt werden müssen, gilt es zunächst, die Gestaltungs- und Einflußmöglichkeiten aufzuzeigen (s.a. Abbildung 3-1).

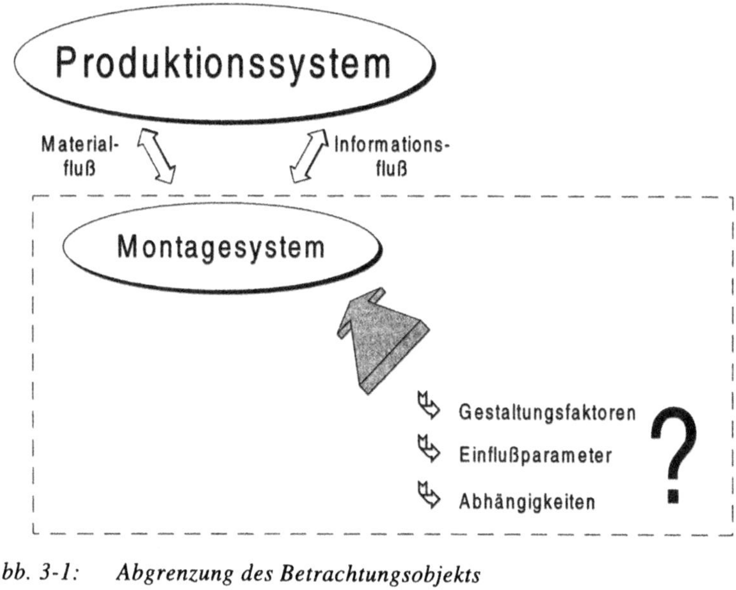

Abb. 3-1: Abgrenzung des Betrachtungsobjekts

Ein geeignetes Modell mit dem Montagesystem im Zentrum der verschiedenen Einflußfaktoren ist in Abbildung 3-2 zu sehen.

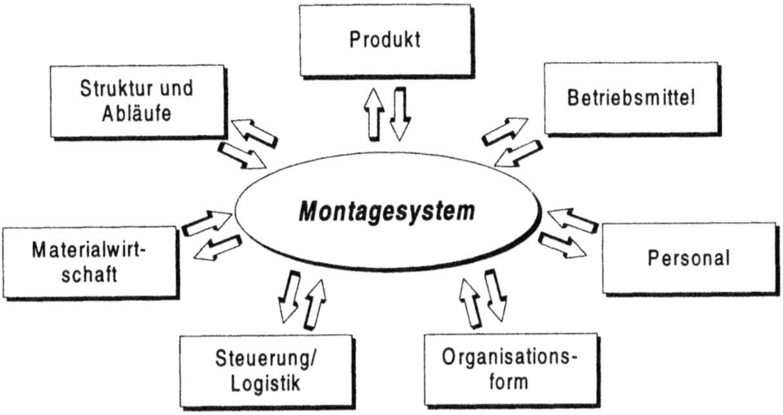

Abb. 3-2: Einflußfaktoren auf das System Montage

Nach Bullinger [BULL 86] sind als zusätzliche Aspekte der Vertrieb, das Sicherheitswesen und die Qualitätssicherung zu berücksichtigen. Der Vertriebsaspekt mit der Vorgabe von Lieferzeit und -menge geht in der vorliegenden Arbeit in der Steuerung bzw. Logistik mit auf. Der Faktor Qualität soll hier nicht als separate Einflußgröße, sondern als systemimmanenter Bestandteil Berücksichtigung finden. Diese Betrachtungsweise wird der Bedeutung der Qualität als wesentlicher Marketingfaktor eher gerecht. Nur wenn alle am Herstellungsprozeß beteiligten Personen und Institutionen nach Qualität streben, kann das Qualitätsmanagement effektiv greifen. TQM-Strategien bleiben so keine leere Hülle, sondern können wirklich "mit Leben gefüllt" werden [NN 94]. Konzipiert man verschiedene Montageabschnitte (Vor- und Endmontage und/oder verschiedene Endmontagestufen) nach dem Kunden - Lieferanten - Verhältnis, so ermöglicht dies die Sicherung der Qualität über alle Unternehmensstufen und Mitarbeiter [WALL 94]. Der Einfluß des Sicherheitswesens wird nicht als getrennter Punkt aufgeführt, da davon ausgegangen wird, daß allgemeingültige Vorschriften bei der Struktur ohnehin berücksichtigt werden und spezielle Anforderungen nicht neutral formuliert werden können.

Mit der bereits definierten Fokussierung auf Montagen mit einem hohen Anteil an manuellen Tätigkeiten soll der Einfluß der "Technologie", der im Ansatz nach [VDI 92] enthalten ist, hier nicht weiter vertieft werden. Sie spielt im weiteren Verlauf der Arbeit bei der Betrachtung der Betriebsmittel und der Umfeldaufgaben (v.a. Informationsbereitstellung) eine Rolle.

3.1.2 Darstellung der Einflußfaktoren

Die in Abbildung 3-2 dargestellten Einflußfaktoren werden nachfolgend punktuell näher betrachtet.

Einflußfaktor ***Produkt:***

Je stärker sich das Produktdesign am einzelnen Kunden bzw. Auftrag orientiert, desto höher sind die Anforderungen an die Montageplanung. Eine Baugruppe, die nur in ein oder zwei Varianten angeboten wird, verlangt nur nach einer einmaligen Planung, die dann auch entsprechend übersichtlich zu gestalten ist. Falls jedoch der Planungsanstoß erst mit der Produktzusammenstellung bzw. -gestaltung seitens des Kunden erfolgen kann, sind hier auch von den zeitlichen Randbedingungen her deutlich höhere Anforderungen an die Planungsabteilungen zu verzeichnen [SCHI 91].

Die Größe, das Gewicht, die geometrische Gestalt und der Werkstoff des zu montierenden Produkts üben in erster Linie einen Einfluß auf technologische Größen, die Betriebsmittelgestaltung und die Transportfähigkeit aus. Über die Anzahl der Einzelteile und den Produktaufbau wird die Komplexität des Montagesystems bestimmt. Die Produktqualität kann durch eine montagegerechte Produktgestaltung, den verstärkten Einsatz von Automatisierungseinrichtungen und nicht zuletzt durch den Einsatz von qualifiziertem Personal verbessert werden. Ein montagegerecht gestaltetes Produkt vereinfacht jede Art von Montage von rein manuellen bis zu vollautomatischen Umfängen. Ziel einer montagegerechten Produktstruktur ist es, die Variantenbestimmung erst möglichst spät in der Endmontage beim Zusammenbau möglichst weniger Baugruppen zu vollziehen. Für Maßnahmen zur montagegerechten Konstruktion von Einzelteilen und Baugruppen existieren diverse Konstruktionskataloge (z.B. [GAIR 81, BAES 88]).

Rationalisierungsmaßnahmen auf dem Gebiet Produkt erstrecken sich folglich auf die Bereiche montagegerechte Konstruktion, Produktstrukturierung, Standardisierung und Montagefamilienbildung.

Eine montagegerechte Produktstruktur hat auch auf die Arbeitsvorbereitung (Montageplanung) z.B. durch die dann einfachere Erstellbarkeit von Montagearbeitsplänen, die einfachere Ermittlung der Montagekosten oder eine bessere Koordinierung des Personaleinsatzes [UNGE 86, EVER 87] positive Auswirkungen.

Die Zerlegung der Montageaufgabe in Teilaufgaben wird durch eine geeignete Produktgliederung unterstützt. Für die optimale Ausnutzung der eingesetzten Montagemittel und die terminliche Planung sind somit ideale Voraussetzungen geschaffen.

Mit einer Produktstrukturierung, die vorsieht, daß die wertintensiven Komponenten der Produkte erst sehr spät verfügbar sein müssen, lassen sich bei der montageorientierten Materialbereitstellung erhebliche Liquiditätsgewinne erzielen [EVER 87].

Eine montagegerechte Produktstruktur ermöglicht aufgrund der

- Mehrfachverwendbarkeit von Baugruppen,
- Unabhängigkeit von Vor- und Endmontageabschnitten,
- erleichterten Materialbereitstellung und der
- Verwendbarkeit für andere Bereiche

eine rationelle Montagedurchführung [BULL 86].

Über den Faktor "Produkt" läßt sich die Wirtschaftlichkeit eines Montagesystems wesentlich beeinflussen. Hohe Variantenzahlen verursachen hohe Gemeinkosten. Die Variantenoptimierung umfaßt folglich die Punkte Vermeidung (bei der Produktentwicklung und -konstruktion), Beherrschung und Reduzierung. Sie stellt eine Aufgabe für alle Funktionsbereiche dar, auch wenn die Hauptlast bei der Konstruktion und Entwicklung liegt [BAUM 93].

Ideale Grundvoraussetzungen findet man in der Konstellation einer Neuplanung in Verbindung mit einem Produktanlauf, bei dessen Konstruktion und Entwicklung montagetechnische Gesichtspunkte einfließen konnten.

Einflußfaktor ***Betriebsmittel:***

Die Betriebsmittel müssen technischen, wirtschaftlichen und ergonomischen Anforderungen gerecht werden. Infolge der kurzen Produktlebensdauer muß die Wiederverwendbarkeit gewährleistet sein. Die Gestaltung der Betriebsmittel hat einen wesentlichen Einfluß auf die vorhandene Fläche, die Montage- und Materialflußstruktur oder die informationstechnische Infrastruktur. Bei kapitalintensiven Betriebsmitteln ist eine vernünftige Auslastung von der Kostenseite her entscheidend, so daß hier eher eine Zusammenführung der Montageobjekte in der entsprechenden Station in Frage kommt. Der Bedarf an Betriebsmitteln richtet sich nach der Ablaufgestaltung.

Die Einflußgrößen **Personal** und **Organisationsform**, die beim einleitend beschriebenen Produktspektrum eine ganz entscheidende Rolle spielen, werden in Kapitel 5 aufgegriffen und detailliert betrachtet.

Einflußfaktor ***Steuerung/Logistik:***

Unter dem Thema Logistik soll hier v.a. die Gestaltung der Teileversorgung und die Auftragsauslösung dargestellt werden. Gerade bei Umplanungen sind diese Faktoren meist invariant oder nur mit hohem Aufwand zu verändern.

Die Art der Auftragsauslösung (kundenbezogen oder neutral) wirkt sich stark auf die nötige Flexibilität der Steuerung und Teilebereitstellung aus. Eine kundenspezifische Abwicklung erfordert ein Höchstmaß an Flexibilität. Varianten aus Standardprogrammen können über flexibel automatisierte Systeme, Standardprodukte über Einrichtungen mit hohem Automatisierungsgrad abgewickelt werden. Die Teilebereitstellung wiederum hat einen nicht zu unterschätzenden Einfluß auf die Montagesteuerung und die zeitliche Verkettung der Montage. So bieten JiT-Lösungen nur wenig Spielraum für die Steuerung und brauchen zuverlässige Zulieferer. Die Wiederbeschaffungszeit der Teile beim Lieferanten stellt die wesentliche Bestimmungsgröße zur Fehlteilevermeidung dar. Die Einrichtung von Puffern dient zur Entkopplung und Begrenzung von Fehlerauswirkungen. Lagereinrichtungen erfordern viel Fläche und brauchen eine leistungsfähige EDV.

Auf Seiten der Steuerung spielt bei der Betrachtung des Einflusses auf die Montagestruktur in erster Linie der Bereich der Werkstattsteuerung mit den Teilaufgaben Arbeitsverteilung und Montagefortschrittsüberwachung eine wichtige Rolle [GROB 82].

Veränderte Ablauf- und Aufbauorganisationsstrukturen machen auch auf dem Gebiet der Logistik Änderungen notwendig. Unter Einhaltung einer durchgängigen Logistikstrategie sind v.a. den Veränderungen auf Werkstattebene durch entsprechende Maßnahmen Rechnung zu tragen. Hierbei sind in erster Linie die erforderlichen Freiräume (z.B. für kurzfristige Sequenzumstellungen) auf dieser Ebene zu schaffen [LORE 93].

*Einflußfaktor **Materialwirtschaft**:*

Als wesentlicher Kostenverursacher ist das Material bei praktisch allen Produktionsstrukturen besonders zu beachten. Die vielen Unterschiede z.B. bezüglich Abmessungen, Verwendbarkeit, Herkunft oder Wert machen dabei eine differenzierte Betrachtung notwendig [ABEL 91].

Die Bereitstellung an sich spielt hinsichtlich der ergonomisch günstigen Gestaltung eine wichtige Rolle. Zur Senkung bzw. Vermeidung nicht wertschöpfender Tätigkeiten sind kurze Wege und eine einfache und übersichtliche Zuordnung des Materials zu den Arbeitsplätzen nötig [WARN 82].

Bei der Montage komplexer und variantenreicher Produkte kommt bei der Suche nach geeigneten Lösungen als wichtige Randbedingung hinzu, daß die Teile in der Regel zu Montagebeginn oft mehrfach verwendbar sind, während der kundenspezifische Einfluß gerade in den späteren Abschnitten zu einer erheblichen Teilevielfalt führen kann.

Betrachtet man die in einem Unternehmen zu lagernden und zu disponierenden Artikel, so stellt man fest, daß sie hinsichtlich der sie charakterisierenden Parameter wie Größe, Gewicht, Wert, Variantenvielfalt, Verbrauchshäufigkeit und -regelmäßigkeit oder der Auswirkungen unzureichender Lieferbereitschaft große Unterschiede aufweisen. Entsprechend sind bei der Planung der Materialbereitstellung die verschiedenen Zielsetzungen unterschiedlich zu gewichten.

Als Instrument zur Artikelklassifikation dienen z.B. die ABC- und die XYZ-Analyse. Während die ABC-Analyse die Objekte nach einer bestimmten Merkmalsausprägung (z.B. Menge, Wert oder Volumen) charakterisiert, differenziert die XYZ-Analyse das Artikelspektrum im Hinblick auf die Vorhersagegenauigkeit und/oder Regelmäßigkeit des Verbrauchs [WILD 92]. Den einzelnen Feldern der resultierenden Matrix können dann - wie in Abbildung 3-3 zu sehen ist - geeignete Dispositionsstrategien zugeordnet werden. Dadurch wird vor allem das Zusammenspiel zwischen lieferndem und nachfragendem System (z.B. Vor- und Endmontage) festgelegt.

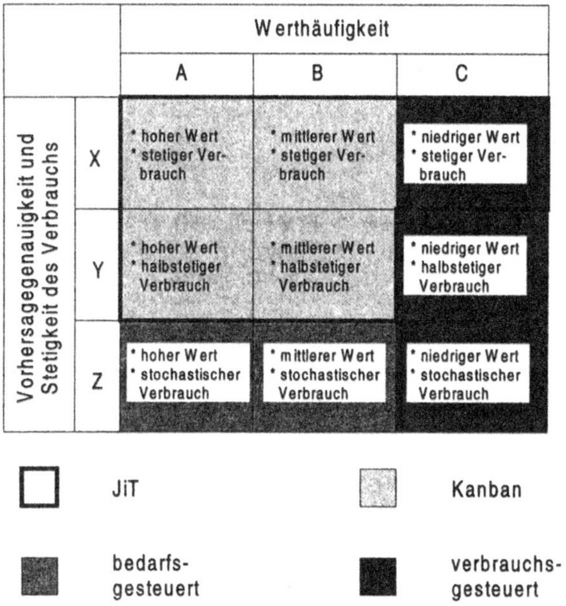

Abb. 3-3: Artikelklassifikation und geeignete Dispositionsarten

Bei Einsatz der **bedarfsgesteuerten Bereitstellung** wird in der Regel innerhalb einer Periode (z.B. ein Tag) der Bedarf an Baugruppen oder Variantenteilen für die darauffolgende Periode produziert. Durch die zeitliche Entkoppelung zwischen lieferndem und nachfragendem System ist eine weitgehend freie Gestaltung möglich. Gerade bei hohen Variantenzahlen kann die notwendige Lagerung eines ganzen Periodenbedarfs zu ungünstigen ergonomischen Verhältnissen aufgrund langer Geh- und Greifwege, schlechter Zugänglichkeit und eingeschränkter Übersichtlichkeit der Materialzone führen.

Geht man auf die **montagesynchrone, sequenzgenaue Bereitstellung** über, so sind die Vorlaufzeit zwischen dem Produktionsimpuls für das liefernde System und dem Einbau, eventuelle kurzfristig mögliche Veränderungen der Reihenfolge sowie die zeitliche Verteilung der Nachfrage entscheidende Kriterien. Die strenge zeitliche Koppelung erfordert seitens der Produktionssteuerung eine Harmonisierung des Produktionsplans für einen gleichmäßigen Baugruppenbedarf. Infolge der niedrigen Bestände kann eine übersichtliche und ergonomisch günstige Teilebereitstellung realisiert werden.

Verbrauchsgesteuerte Bereitstellverfahren setzen stets einen vorhandenen Ausgangsmaterialbestand sowie einen relativ gleichmäßigen Verbrauch voraus. Wird eine festgelegte Grenze unterschritten, erfolgt die Bestellauslösung.

Damit die Vorteile der niedrigen Bestände und des äußerst geringen Steuerungs- und Verwaltungsaufwands des **Kanban-Prinzips** als Vertreter der verbrauchsgesteuerten Bereitstellungsprinzipien voll zum Tragen kommen, muß bei der Planung den Wechselbeziehungen zwischen lieferndem und nachfragendem System große Aufmerksamkeit gewidmet werden. Die Umlaufbestände und damit der Platzbedarf für die Teilebereitstellung sind v.a. abhängig von der Anzahl der Teilevarianten, der zeitlichen Nachfrageverteilung und der Wiederbeschaffungszeit. Bei der Teilebereitstellung in der Endmontage ist zu beachten, daß alle Varianten ständig vorgehalten werden und somit zur Erlangung einer ergonomisch günstigen und übersichtlichen Situation entsprechende Maßnahmen (z.B. Vergabe fester Lagerplätze für die einzelnen Varianten) erforderlich sind. Der Transportaufwand wird ganz entscheidend von der räumlichen Anordnung von lieferndem und nachfragendem System bestimmt [WIEN 83, OEHL 87, WILD 89, WILD 92].

Die Einflußgröße **Struktur und Abläufe** geht in den Punkten Organisation und Steuerung/Logistik auf.

3.1.3 Fazit zur Modellbildung

Die Gestaltung eines Montagesystems und damit letzlich die Festlegung der Wirtschaftlichkeit ist - wie oben gezeigt wurde - über eine Vielzahl von Parametern möglich. Durch die zahlreichen Einflußmöglichkeiten kann auf verschiedene Randbedingungen flexibel reagiert werden. Allerdings trägt dies auch zum hohen Komplexitätsgrad der Planung von Montagesystemen bei. Die vorne erfolgte Darstellung der Auswirkungen von Veränderungen einzelner Punkte zeigt bereits die Größe des resultierenden Aktions- bzw. Lösungsraums. Die Berücksichtigung der Stellgrößen darf sich jedoch nicht auf die Betrachtung der Beeinflussung in Richtung des Montagesystems beschränken. Eine einseitige Betonung eines Faktors kann durchaus kontraproduktive Effekte in anderen Bereichen hervorrufen. Aufgrund der teilweise engen Verzahnung zwischen den verschiedenen Parametern ist eine isolierte Betrachtung einzelner Punkte nicht zielführend.

Es müssen folglich auch die gegenseitigen Abhängigkeiten berücksichtigt werden. Diesem Aspekt wird aber in der Literatur kaum Rechnung getragen.

Die damit notwendige Ergänzung des Systemmodells wird in der weiteren Arbeit aufgegriffen, wobei die Orientierung an dem oben dargestellten Modell bestehen bleibt.

3.2 Montagestrukturen für komplexe und variantenreiche Produkte

Bei der Produktion komplexer und variantenreicher Produkte müssen u.a. folgende Randbedingungen berücksichtigt werden:

- Der hohe Aufwand für die Produktstrukturierung, der sich nach Bullinger [BULL 94] auch in den Overheadkosten niederschlägt,
- die enorme Teilevielfalt,
- die teilweise erheblichen Zeitdifferenzen in einzelnen Produktionsstufen und hier v.a. in einzelnen Abschnitten der Montage,

- hohe Mitarbeiteranforderungen hinsichtlich Flexibilität und Qualifikation, sowie
- die große Bedeutung der Einplanung des Produktionsprogramms.

Die Teilevielfalt tangiert dabei in erster Linie die Logistik und hier v.a. den Bereich der Materialbereitstellung, während die hohen Zeitdifferenzen und der hohe Aufwand für dic Produktstrukturierung v.a. hinsichtlich der Auswahl geeigneter Strukturen relevant sind. Die Mitarbeiteranforderungen resultieren zum größten Teil aus den häufig wechselnden Arbeitsinhalten sowie den großen zu verarbeitenden Informationsvolumina. Kritisch sind hierbei in erster Linie Varianten, die nur sehr selten vorkommen und zusätzlich noch ganz spezifische Arbeitsumfänge beinhalten.

Betrachtet man nun die Montagestrukturen, in denen großvolumige, komplexe und variantenreiche Produkte (z.B. Automobile) in hohen Stückzahlen produziert werden, so dominiert gerade in der Endmontage in westeuropäischen Werken weiterhin das Fließband. Abbildung 3-4 liefert neben einer Prinzipdarstellung eine Übersicht zu möglichen Ausführungsformen.

Lösungen mit einem manuellen Transport der Montageobjekte, wie sie in Abbildung 2-11 dargestellt sind, scheiden hier ebenso aus wie ein Rundtakttisch oder ein Umlaufband.

Die weite Verbreitung der Fließbänder ist zum einen dadurch begründet, daß damit die in der Vergangenheit nach tayloristischen Grundsätzen angestrebte hohe Arbeitsteiligkeit begünstigt wird. Dieser Punkt verliert jedoch in jüngster Vergangenheit aufgrund der damit verknüpften eingeschränkten Flexibilität und v.a. der veränderten Rolle des Produktionsfaktors Personal klar an Bedeutung. Der Wandel der Position des Mitarbeiters als entscheidendes Glied der Wertschöpfungskette wird später im Verlauf der Arbeit noch gesondert dargestellt. Der Vorteil eines klar strukturierten Materialflusses, der v.a. bei großvolumigen Bauteilen mit einer Fließbandlösung erzielt werden kann, rückt hingegen immer mehr in den Vordergrund. Der geringe Aufwand für die Planung und Steuerung der Versorgung mit Bauteilen zementiert die Dominanz von Fließbändern in der Endmontage [DIRN 93].

Prinzipdarstellung:

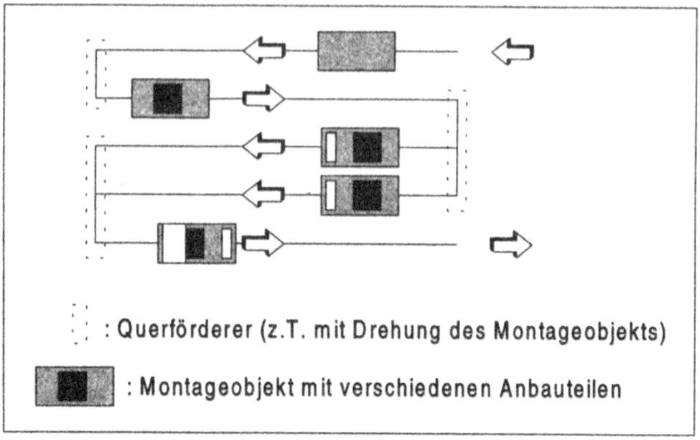

Mögliche Ausführungsformen:

- kontinuierlich laufend ⟺ starr getaktet
- eine durchgängige Linie ⟺ kurze, abschnittsweise entkoppelte Bänder
  ⟺ mehrere parallele Bänder
- Integration von Automatikstationen (sog. "Technische Zentren")
  - ⇨ in starr getakteten Abschnitten
  - ⇨ in eigens eingerichteten Inseln
  - ⇨ am kontinuierlich laufenden Band
- technische Realisierung z.B. als Plattenband, Schleppkettenförderer oder Elektrohängebahn
- mit/ohne Mitfahrmöglichkeit für Werker

Abb. 3-4: Lösungsalternativen für Montagebänder

Dabei kommen in erster Linie kontinuierlich laufende Förderbänder zum Einsatz, die für vorwiegend manuelle Tätigkeiten gegenüber starr getakteten Lösungen deutliche Vorteile aufweisen. So entfallen neben dem Taktzeiteinschnitt v.a. das eingeschränkte Stationsdenken und die starre Taktbindung. Ein Schwimmen am Band und ein Vorarbeiten über mehrere Stationen wird so ermöglicht. Aus Sicht einer angestrebten Automatisierung ist hingegen eine feste Taktung vorzuziehen. Der geringe Automatisierungsgrad in der Endmontage ist in der geringen Verbreitung solcher Lösungen begründet. Derzeit findet man automatisierte Anlagen nur in separaten getakteten Bandabschnitten oder eigens eingerichteten Inseln. Dirndorfer [DIRN 93] liefert mit seiner Arbeit aber einen Ansatz, der auch an kontinuierlich laufenden Systemen eine Automatisierung ermöglicht.

Die kundenauftragsbezogene Produktion mit den drastischen Ausstattungs- und damit auch Montagezeitunterschieden verhindert bei reinen Fließbandlösungen eine kontinuierliche Auslastung der Stationen und verursacht so hohe Verlustzeiten.

Durch die Schaffung von Modulbereichen sollen die variantenspezifischen Verrichtungen mit ihren teilweise erheblichen zeitlichen Zusatzaufwänden aus dem Fließmontagebereich verlagert werden. Dies kann entweder über die Einrichtung von Standplätzen (Mengenteilung; mögliche Ausführungsformen: siehe Abbildung 3-5) oder die Angliederung entsprechender Abschnitte direkt an die Endmontage realisiert werden.

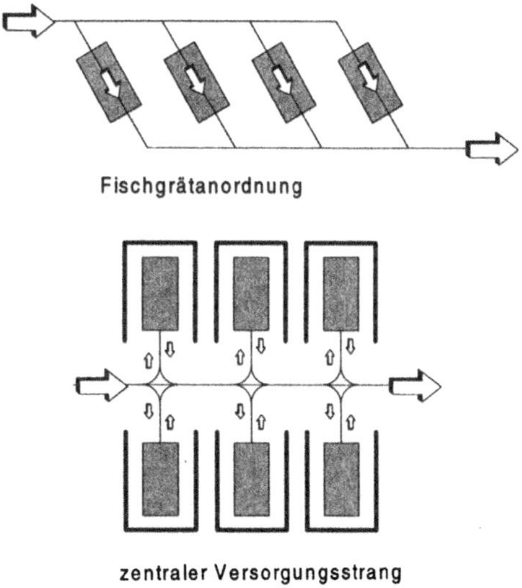

Abb. 3-5: Lösungsalternativen für Standplätze

Den Vorteilen

- der höheren Flexibilität,
- der verbesserten Wirtschaftlichkeit durch die Reduzierung der variantenbedingten Kapazitätsschwankungen und
- der günstigen Voraussetzungen für die Einführung neuer Arbeitsstrukturen und eine ergonomische Arbeitsplatzgestaltung

stehen in erster Linie

- der enorme Investitionsaufwand für die Einrichtung von Standplätzen oder die Realisierung von Materialflußeinrichtungen,
- der erhöhte Platzbedarf einer Standplatzlösung im Vergleich zur konventionellen Fließmontage sowie
- der erhöhte Steuerungsaufwand für die Materialversorgung

entgegen [STUE 85, HESS 92].

Sofern großvolumige, sperrige Teile in vielen Varianten bereitzustellen sind und/oder eine fahrzeugspezifische Vorkommissionierung nicht möglich ist, ist die Einrichtung von Standplätzen als sehr kritisch zu bewerten. Eine Boxenmontage wird sich daher verstärkt in der Vormontage oder für einzelne ausgewählte Umfänge der Endmontage (z.B. Elektromontage mit Kabelbaumverlegung) durchsetzen [SCHM 90, SELI 92, HART 92, SCHR 93, DIRN 93].

3.3 Darstellung der Planungsproblematik und Einordnung der Arbeit

Betrachtet werden soll die Planung von Montagen für komplexe und variantenreiche Produkte in großen Stückzahlen mit einem hohen Anteil manueller Tätigkeiten. Typische Vertreter für dieses Spektrum finden sich in den Endmontagebereichen der Automobilindustrie. Bei der Planung sind eine ganze Reihe von Randbedingungen zu berücksichtigen, die zum einen aus der Eingliederung der Montage in das Produktionssystem und zum anderen aus den vielfältigen Einflußparametern, die das eigentliche System "Montage" betreffen, resultieren [WARN 91].

Die zu planende Montagestruktur muß ohne einseitige Ausrichtung auf einen einzelnen Punkt die technischen, personellen und organisatorischen Aspekte sinnvoll integrieren. Eine starke Orientierung am Kunden ist aus wirtschaftlichen Gründen bei allen Überlegungen oberstes Gebot.

Demzufolge ist die Planung eine komplexe Aufgabe mit vielen Nuancen, die zudem in der Regel einem erheblichen Zeitdruck unterliegt. Gekennzeichnet ist die Planung durch die schwache Ausprägung der konzeptionellen Phase. Durchgängige Methoden zur konzeptionellen Entwicklung von Arbeitssystemen fehlen [BULL 86].

Unter dem erheblichen Zeitdruck und infolge der vielen, zum Teil auch nur schwer bewertbaren Einflußfaktoren erfolgt oft eine frühzeitige Festlegung auf eine Planungsvariante oder Teillösung. Der Lösungsraum für alle weiteren Stufen wird so erheblich eingeschränkt. Diese Vernachlässigung varianter Ansätze und wesentlicher Kriterien führt zusammen mit der unzureichenden Detaillierung und mangelhaften Dokumentation zu Kosten, die oft erst in der eigentlichen Produktion sichtbar werden und dann einen erheblichen Mehraufwand verursachen [KUMM 94]. Nur eine geschlossene Betrachtung der gesamten Wertschöpfungskette kann aber zu wirklichen Rationalisierungserfolgen führen. Auf dem Weg zum globalen Optimum müssen viele Einflußparameter berücksichtigt werden.

Die vorliegende Arbeit soll als Hilfsmittel für die Systemgestaltung sowohl bei Neu- (mit dem entsprechend größeren Spielraum) als auch bei Umplanungen (mit mehr bestimmenden und einschränkenden Randbedingungen) dienen.

Die bereits angesprochene notwendige Berücksichtigung der gegenseitigen Beeinflussung der Parameter, die zur Gestaltung des Montagesystems zur Verfügung stehen, wird in Kapitel 4 aufgegriffen. Das somit im Vergleich zum vorher gezeigten Modell erweiterte System mit den zahlreichen Abhängigkeiten verlangt nach einem geeigneten, den Planer wirkungsvoll unterstützenden Hilfsmittel. Als solches Werkzeug wird die Ablaufsimulation, die dann im weiteren Verlauf der Arbeit mehrfach eingesetzt wird, vorgestellt. Die Schwerpunkte liegen dabei auf einer geeigneten, systematischen Vorgehensweise bei

Simulationsstudien sowie der Betrachtung aufwandskritischer Aspekte. Damit wird der bereits erwähnte wettbewerbsentscheidende Faktor "Zeit" betont.

In Kapitel 5 soll dann das Potential verschiedener Einflußfaktoren aufgezeigt und diskutiert werden. Dort wird zuerst auf eine geeignete Gestaltung und Anordnung von Vormontagen eingegangen. Dieser für das betrachtete Produktspektrum äußerst relevante Strukturaspekt wird in bekannten Beschreibungsmodellen kaum behandelt. Im Mittelpunkt der Betrachtung steht jedoch der Aspekt "Personal" in Verbindung mit der Gruppenarbeit als adäquater Organisationsform.

Um sichtbare Rationalisierungserfolge zu erzielen, müssen ausreichende Freiräume für die Mitarbeiter geschaffen werden. Die daraus resultierenden Rückwirkungen auf das Planungsvorgehen fließen in Kapitel 6 in die Betrachtung ein. Zwei ausgewählte Planungsbeispiele runden die Arbeit ab.

4 Erweiterung des Systemmodells und Auswahl eines Planungshilfsmittels

4.1 Erweiterung des Systemmodells

4.1.1 Ausgangssituation

Wie in Kapitel 3 dargestellt, kann ein Montagesystem über eine Vielzahl von Einflußfaktoren (z.B. Produkt, Personal oder Organisationsform) gestaltet werden. Bei der Festlegung der einzelnen Parameter müssen aber neben den direkten Auswirkungen auf die Struktur auch die Folgen für andere Gestaltungsgrößen berücksichtigt werden.

Während in Kapitel 3.1 die einzelnen Größen getrennt betrachtet wurden, soll hier auf die gegenseitige Beeinflussung eingegangen werden. Der Lösungsweg über eine geschlossene parametrisierte Beschreibung gestaltet sich äußerst schwierig, da zwischen den einzelnen Faktoren erhebliche Abhängigkeiten z.T. mit gegenläufigen Auswirkungen bestehen. Infolge der hohen Komplexität findet daher die gegenseitige Beeinflussung der Parameter kaum Berücksichtigung. In der Praxis herrscht häufig gerade bei einem hoch arbeitsteiligen, seriellen Planungsvorgehen eine isolierte Betrachtung einzelner Faktoren vor. Die Konsequenzen werden dann erst im Planungsverlauf sichtbar und verhindern damit oft das Erreichen einer optimalen Gesamtlösung.

Es gilt daher, das in Abbildung 3-2 dargestellte Modell so zu ergänzen, daß die gegenseitigen Beeinflussungen Niederschlag finden. Hierzu wird zunächst eine Matrix aufgebaut, die den Grad der Abhängigkeiten zwischen den einzelnen Gestaltungsfaktoren ausweist. Anschließend werden die Beziehungen in Form einer stichpunktartigen Beschreibung systematisch erläutert.

4.1.2 Aufbau einer Matrix

Der komplexe Zusammenhang zwischen den einzelnen Einflußgrößen wird in Abbildung 4-1 zunächst anhand einer Matrix dargestellt.

Auswirkung auf / von	Betriebsmittel	Organisations-form	Personal	Steuerung/ Logistik	Materialwirt-schaft	Kosten
Produkt	●	●	●	●	●	●
Betriebsmittel		◔ *	◔	◕	◕	◔ *
Organisationsform	◕		●	●	◕	●
Personal	◑	●		◑	◔	◕
Steuerung/Logistik	◑	◑	◑		●	●
Materialwirtschaft	◑	◕	◕	◕		◑

* : Wertung gilt nicht für kapitalintensive Betriebsmittel !!

● sehr großer Einfluß ◕ großer Einfluß ◑ mittlerer Einfluß

◔ geringer Einfluß ○ kleiner bzw. kein Einfluß

Abb. 4-1: Gegenseitige Beeinflussung der Gestaltungsfaktoren

Wie bereits erwähnt, zeigt sich anhand dieser Matrix sehr deutlich, daß punktuelle Maßnahmen durchaus auf andere Faktoren kontraproduktive Effekte haben können.

Da das Produkt für die weiteren Betrachtungen den Ausgangspunkt bildet, wurden die entsprechenden Auswirkungen nur in einer Richtung dargestellt.

4.1.3 Darstellung der Abhängigkeiten

Die wesentlichen Größen sind im Anschluß in den Abbildungen 4-2 bis 4-4 noch stichpunktartig aufgelistet.

Auswirkung von - ***auf***	***Kriterium, Stichwort***
Produkt - Betriebsmittel	Gestaltung, Einsatzmöglichkeiten
Produkt - Organisationsform	Strukturierungsmöglichkeiten
Produkt - Personal	Personalbedarf, Qualifikationsanforderungen
Produkt - Steuerung/Logistik	Aufwand infolge Variantenvielfalt
Produkt - Materialwirtschaft	Aufwand infolge Teilevielfalt
Produkt - Kosten	Ausgangsgröße
Betriebsmittel - Organisationsform	nur bei kapitalintensiven Betriebsmitteln relevant
Betriebsmittel - Personal	ggf. Qualifikationsanforderungen
Betriebsmittel - Steuerung/Logistik	Montage- und Materialflußstruktur
Betriebsmittel - Materialwirtschaft	Gestaltung der Materialflußstruktur
Betriebsmittel - Kosten	Anschaffungskosten

Abb. 4-2: Einfluß der Parameter "Produkt" und "Betriebsmittel"

Auswirkung von - auf	***Kriterium, Stichwort***
Organisationsform - Betriebsmittel	Anzahl benötigter Betriebsmittel
Organisationsform - Personal	Qualifikationsanforderungen
Organisationsform - Steuerung/Logistik	Flexibilität bei Auftrags-änderungen
Organisationsform - Materialwirtschaft	Aufwand für Materialbereit-stellung
Organisationsform - Kosten	Arbeitsplatzeinrichtungen, Werk-zeuge, Betriebsmittel
Personal - Betriebsmittel	ergonomische Anforderungen
Personal - Organisationsform	Verwirklichung personal-orientierter Ziele
Personal - Steuerung/Logistik	Störgrößen (Urlaub, Krankheit,..)
Personal - Materialwirtschaft	Möglichkeiten zur Dezentrali-sierung von Zuständigkeiten
Personal - Kosten	je nach Automatisierungs-grad
Steuerung/Logistik - Betriebsmittel	Rüstfrequenz
Steuerung/Logistik - Organisationsform	Auslastungsberechnung
Steuerung/Logistik - Personal	Qualifikationsanforderungen
Steuerung/Logistik - Materialwirtschaft	Steuerung Materialfluß und Materialbereitstellung
Steuerung/Logistik - Kosten	Investitionskosten, laufende Kosten

Abb. 4-3: Einfluß der Parameter "Organisationsform", "Personal" und "Steuerung/Logistik"

Auswirkung von - auf	***Kriterium, Stichwort***
Materialwirtschaft - Betriebsmittel	Gestaltung der Ladungsträger und der Fördermittel
Materialwirtschaft - Organisationsform	Organisation Lager, Materialbereitstellung
Materialwirtschaft - Personal	Entkoppelung durch Puffer
Materialwirtschaft - Steuerung/Logistik	Störungen im Materialfluß (Fehlteile)
Materialwirtschaft - Kosten	je nach Produktspektrum

Abb. 4-4: Einfluß des Parameters "Materialwirtschaft"

Für zwei ausgewählte Beispiele soll die gegenseitige Beeinflussung noch etwas weiter ausgeführt werden.

Produkt - Betriebsmittel:

Die Produktgestaltung bestimmt, inwiefern einfache oder standardisierte Betriebsmittel eingesetzt werden können. Ungünstige Schraubpositionen oder eingeengte Platzverhältnisse erfordern ggf. den Einsatz von Spezialwerkzeugen. Eine hohe Teilevielfalt kann aus wirtschaftlichen Gründen sogar den Hilfsmitteleinsatz verhindern. Bei den kurzen Produktlebenszyklen muß das Hauptaugenmerk auf die Wiederverwendbarkeit der Vorrichtungen gelegt werden.

Organisationsform - Personal:

Moderne Arbeitsorganisationsformen (z.B. Gruppenarbeit) stellen hohe Anforderungen an die fachliche und v.a. auch an die soziale Qualifikation der Mitarbeiter. Es zählt weniger die Leistung eines "Einzelkämpfers", als vielmehr die einer überschaubaren Einheit (Gruppe).

In der nachfolgenden Abbildung wird die Kombination der Verknüpfungen zwischen mehreren Parametern gezeigt. Eine derartige Darstellung wird natürlich schnell sehr unübersichtlich, wenn weitere Faktoren aufgenommen werden.

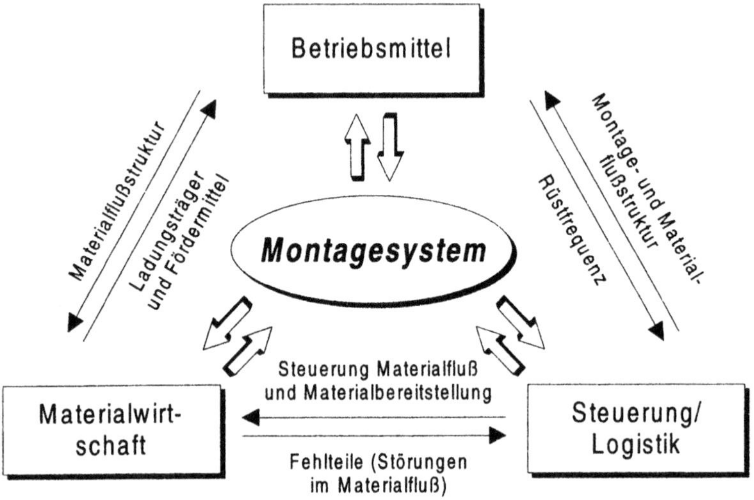

Abb. 4-5: Verknüpfung zwischen mehreren Einflußparametern

Eine isolierte Betrachtung einzelner Einflußfaktoren kann nach den oben dargestellten Zusammenhängen nur in Ausnahmefällen zum Ziel führen. Die geforderte Integration der Bereiche Technik, Personal und Organisation macht die Berücksichtigung einer Vielzahl von Einflußfaktoren zur unverzichtbaren Anforderung bei der Systemgestaltung. Im Rahmen der Planung muß hier der Hebel angesetzt werden, was zwangsläufig auch zu einer Abkehr von extrem arbeitsteiligen und isoliert voneinander arbeitenden Strukturen führt.

Ziel bei der Gestaltung des Montagesystems muß sein, die Kundenanforderungen bezüglich Qualität, Preis und Lieferzeit unter Wahrung unternehmerischer und mitarbeiterbezogener Ziele bestmöglich zu erfüllen. Punktuelle Maßnahmen sind hier in der Regel nicht zielführend, gesamtheitliche Ansätze sind stattdessen erforderlich.

4.2 Ablaufsimulation als geeignetes Planungshilfsmittel

4.2.1 Vorbemerkungen

Wie in den Kapiteln 2 und 3 dargestellt, ist die Planung der Montage komplexer und variantenreicher Produkte selbst ein komplexes Problem. Die beim erweiterten Systemmodell aufgrund der hohen Vernetzung nur schwer zu überschauenden Wirkzusammenhänge und der hohe Zeitdruck in Verbindung mit der geforderten Planungssicherheit machen den Einsatz von geeigneten rechnergestützten Planungshilfsmitteln erforderlich.

Die Simulation als heuristisches Verfahren hat sich zur Untersuchung des Zeitverhaltens verschiedenster Systeme durchgesetzt. Die VDI-Richtlinie 3633 definiert die Simulation als "das Nachbilden eines dynamischen Prozesses in einem System mit Hilfe eines experimentierfähigen Modells, um zu Erkenntnissen zu gelangen, die auf die Wirklichkeit übertragbar sind" [VDI 3633].

Gemeinsames Merkmal aller Simulationstypen ist die Abbildung eines zu untersuchenden Systems in einem Modell. An diesem Modell werden Experimente durchgeführt, die z.B. aus Kosten-, Zeit- oder Sicherheitsgründen nicht am System selbst vorgenommen werden können [SCHL 88].

Wie in Abbildung 4-6 zu sehen ist, treten je nach Planungsebene verschiedene Simulationsmethoden in den Vordergrund.

Planungsebene	Simulationstool
Anlagenebene	Ablaufsimulation
Zellenebene	Bewegungssimulation Ablaufsimulation
Maschinenebene	Bewegungssimulation NC-Simulation
Komponentenebene	FEM-Simulation

Abb. 4-6: Simulation in verschiedenen Planungsphasen nach [HART 91, MILB 92b, SCHM 92]

Die weitere Arbeit konzentriert sich auf die Planung der Makro-Systeme, also auf die Anlagen- und Zellenebene. Somit ist die Ablaufsimulation das relevante Hilfsmittel. Sie kann sowohl bei der Projektierung neuer Produktionsanlagen, als auch bei der Optimierung bestehender Fertigungs- und/oder Montagesysteme eingesetzt werden. Die verschiedenen Möglichkeiten sind in der folgenden Abbildung dargestellt.

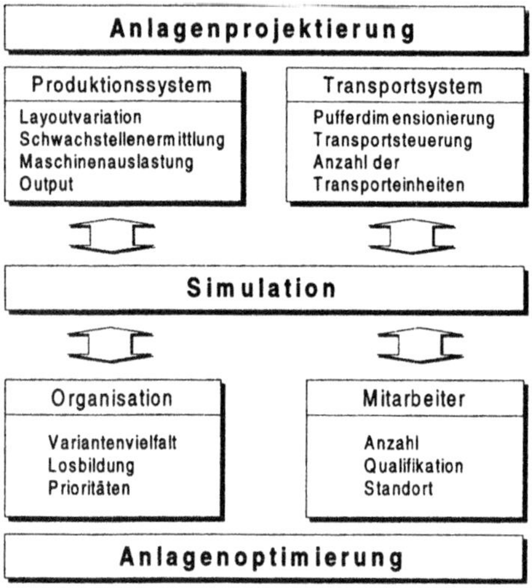

Abb. 4-7: Einsatz der Simulation im Produktionsbereich nach [SCHL 88]

Im Planungsablauf kann die Simulation bei der Strukturauslegung zur Analyse des Zusammenspiels von Kapazitäten, Ablaufstruktur und Produktionsprogramm, zur Konzeptdetaillierung sowie zur Strategieoptimierung mit jeweils unterschiedlichen Zielkriterien eingesetzt werden. Im Planungsverlauf nimmt der Detaillierungsgrad eines Modells von der Grobplanung bis hin zur Realisierungsphase stetig zu.

Typische Aufgabenstellungen, die unter Zuhilfenahme einer Simulation beantwortet werden sollen, lauten wie folgt [STAN 93, GROS 93]:

- Strukturierung und Dimensionierung neuer Industriebetriebe,
- Rationalisierung bestehender Materialflußprozesse,

- Projektierung von Organisationsabläufen,
- Optimierung geplanter Prozesse,
- Erprobung und Optimierung der Fertigungssteuerung,
- Funktionsnachweis neuer Systeme

oder auch

- Schulung neuer Mitarbeiter.

Ein Einsatz der Ablaufsimulation als Planungshilfsmittel hat zahlreiche Vorteile, von denen hier nur eine kurze Auswahl vorgestellt werden soll [BULL 86, STAN 93, GREM 93]:

- Sie schafft höhere Planungssicherheit und verhilft zu einer sicheren und objektiven Investitionskostenentscheidung.
- Auf Grund der Zeitraffung können Auswirkungen bestimmter Maßnahmen sehr schnell festgestellt werden.
- Man gewinnt Erkenntnisse über das Verhalten komplexer Systeme, die sonst nicht zugänglich wären.
- Sie dient als Unterstützung zur schnellen Erstellung von Vorlagen.

Die Ablaufsimulation ist keineswegs ausschließlich auf dem Gebiet der operativen Planung einsetzbar, sondern kann auch ein wirkungsvolles Hilfsmittel bei strategischen Überlegungen darstellen [GREM 93].

In direkter Konkurrenz zur Ablaufsimulation stehen analytische Lösungsansätze, die meist auf der Theorie von Wartenetzen basieren. Analytische Modelle haben den Vorteil, daß man das Problem mit Gleichungssystemen mathematisch exakt beschreiben kann und die Lösung sich damit gut in Datenverarbeitungsanlagen berechnen läßt. Gerade für die betrachteten komplexen Montagen sind aber diese Lösungsansätze nicht einsetzbar, da entweder Einflußgrößen nicht mathematisch beschreibbar sind oder eine zu große Anzahl von Parametern existiert, die rechnerisch nicht mehr zu bewältigen ist.

4.2.2 Systematische Vorgehensweise bei Simulationsstudien

Zur effektiven Nutzung des Planungshilfsmittels Ablaufsimulation ist eine systematische Vorgehensweise bei der Erstellung von entsprechenden Studien erforderlich. Sie läßt sich - wie auch in Abbildung 4-8 gezeigt - im wesentlichen in die drei folgenden Blöcke untergliedern:

- Vorbereitung mit
  - Formulierung von Aufgabe und Ziel
  - Abschätzung des Aufwands
  - Datenermittlung und -aufbereitung
- Modellbildung mit
  - Erstellung des Layouts
  - Aufbau der logistischen Verknüpfungen
- und Durchführung mit
  - Simulationsläufen
  - Auswertung und Analyse der Ergebnisse und
  - ggf. Variation der Parameter.

Scharf [SCHA 92] ordnet den einzelnen Stufen noch durchschnittliche Aufwände zu, wobei er bei der Datenermittlung und -aufbereitung mit etwa einem Viertel des Gesamtaufwands den größten Zeitblock sieht.

Basis für eine zielgerichtete und damit auch wirtschaftliche Simulationsdurchführung ist eine genaue Definition des Zielsystems und der Bewertungsgrößen [VDI 3633].

An die Aufgabenstellung schließt sich die Systemanalyse an. Durch sie werden die Randbedingungen für die nachfolgende Modellierung festgelegt. Die Systemanalyse läßt sich in vier Schritte untergliedern [FELD 88]:

1) Abgrenzung gegen Systemumgebung,

2) Analyse der Systemelemente,

3) Systemstruktur,

4) Strategie und Prozeßregeln.

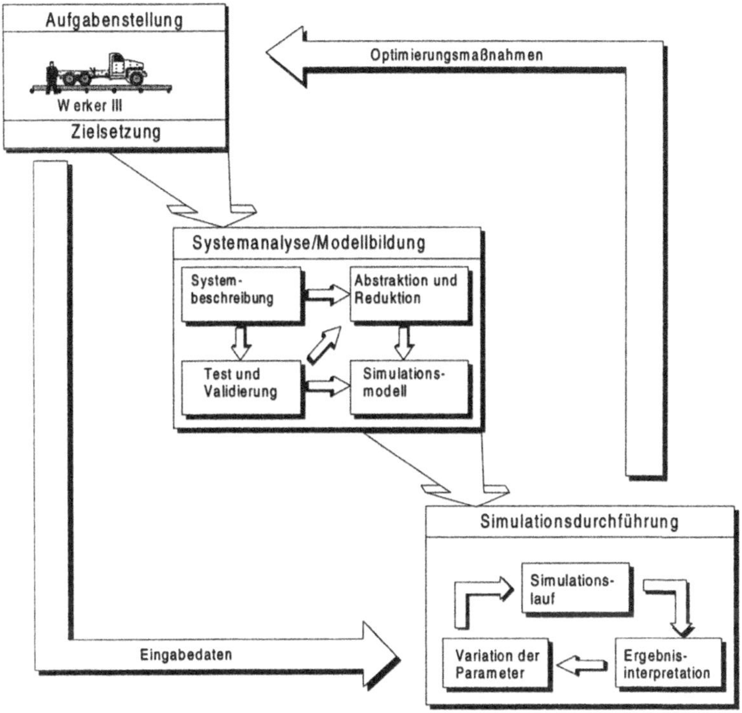

Abb. 4-8: Vorgehensweise bei Simulationsstudien nach [SCHL 88]

Das Ergebnis dieser Systemanalyse ist die Bildung eines abstrakten Modells. Dieses Modell stellt ein reales System dar, das aufgrund spezifischer Fragestellungen idealisiert und abstrahiert wurde.

Die Modellbildung, die sich an die Systembeschreibung anschließt, gliedert sich auf in die Punkte Definition, Darstellung und Detaillierung der Modellelemente sowie Experimente.

Im weiteren muß eine Validierung des Modells erfolgen. Sämtliche Aussagen und Ergebnisse, die von dem gebildeten Modell geliefert werden, müssen hinsichtlich ihrer Übereinstimmung mit dem Verhalten des realen Systems überprüft werden. An dieser Stelle werden Fehler aufgedeckt, die im Rahmen der Systemanalyse oder der Modellbildung gemacht wurden.

Die Simulationsdurchführung stellt den dritten Abschnitt der Vorgehenskette dar. Vor allem bei komplexen Systemen ist darauf zu achten, daß bei der Durchführung der Simulationsstudie eine strukturierte und nachvollziehbare Vorgehensweise berücksichtigt wird. So empfiehlt es sich, die Simulation zunächst an einzelnen Subsystemen durchzuführen, deren Randbedingungen überschaubar sind. Dadurch lassen sich Schwachstellen leichter ermitteln. Auf diesen Teilsystemen aufbauend kann dann die darauffolgende Ebene, z.B. eine Montagezelle, simuliert werden. Dieses Vorgehen wird bis zu der Simulation des Gesamtsystems durchgeführt.

In der Optimierungsphase stellt sich das Problem der Variation der Parameter. Es ist zu beachten, daß immer nur ein Parameter verändert wird, um eine Überlagerung der Simulationsergebnisse zu vermeiden, die eine Analyse erschweren würde.

4.2.3 Aufwandskritische Aspekte bei Simulationsstudien

Der Einsatz der Ablaufsimulation darf nicht zu einer Verzögerung des ohnehin zeitkritischen Bereichs der Planung führen. Daher werden nachfolgend einige bezüglich des Aufwands für die Erstellung und Durchführung von Simulationsstudien entscheidende Punkte zusammengestellt.

- Eingangsdaten:

  Der zeitliche Rahmen für die Durchführung der Simulationsstudie wird bereits durch die Bereitstellung der Eingangsdaten wesentlich beeinflußt. Die als Eingangsgrößen für die Modellbildung und die anschließenden Versuchsläufe benutzte Datenbasis muß sehr genau überprüft und bei Bedarf aufbereitet werden. Simulationsergebnisse sind wertlos oder irreführend, wenn die Datenbasis fehlerhaft ist. Deshalb ist diese einer Plausibilitätskontrolle hinsichtlich der Beschreibung der Systemlast, Systemstruktur, funktionellen Abläufen über der Zeit und der hinterlegten Strategie zu unterziehen [VDI

3633]. Gerade bei umfangreichen Problemstellungen ist es vorteilhaft, wenn die Eingangsdaten direkt aus einer Datei eingelesen werden können.

- Möglichkeit der Modulbildung:

  Bei sehr komplexen Systemen empfiehlt sich ein modularer Aufbau des Simulationsmodells. Dabei besteht die Möglichkeit, wichtige Stationen sehr detailliert abzubilden, um deren Verhalten und Auswirkungen auf das Gesamtsystem genau zu analysieren. Weniger interessante Bereiche werden zwar mit einbezogen, ihr Abstraktionsgrad liegt jedoch sehr hoch. Dadurch läßt sich der Modellierungsaufwand deutlich einschränken ohne Informationsgehalt zu verlieren.

  Lassen sich sogar Teile des Gesamtsystems entkoppeln (z.B. durch Puffer), kann in den Phasen Modellierung und Durchführung aufgrund der verringerten Teilkomplexität viel Zeit gespart werden.

- Anlagenabbildung und Validierung:

  Die Modellierung von bestehenden Anlagen kann oft durch einen reinen Nachbau der realen Systeme erfolgen. Bei Neuplanungen muß das Wissen über Wirkzusammenhänge und logistische Verknüpfungen erst erarbeitet werden.

  Der gewählte Detaillierungsgrad hat entscheidenden Einfluß auf den Modellierungsaufwand. Hier ist streng nach der Regel: "So einfach wie möglich, so detailliert wie nötig" zu verfahren.

  Die Validierung ist gerade bei Neuplanungen wegen fehlender Vergleichsdaten oft ein sehr umfangreicher Teil der Modellierung. In diesem Fall muß versucht werden, das Modell mit ähnlichen Anlagen und Erfahrungswerten zu vergleichen.

- Anzahl der Teilevarianten:

  Die Anzahl der Teilevarianten, die das System verarbeiten können muß, ist ebenfalls maßgebend für den Modellierungsaufwand. Je mehr verschiedene Teile auftreten, desto mehr Bearbeitungszeiten, Ablauffolgen oder Maschinentypen müssen vorgesehen werden.

Haben unterschiedliche Teiletypen dann sogar andere Bearbeitungsabläufe zur Folge, müssen auch die logistischen Verknüpfungen variabel gestaltet werden. Dieser Aufwand nimmt linear mit der Anzahl der Teilevarianten zu.

- Versuchsdurchführung:

  Der Aufwand für die Durchführung von Experimenten mit einem Simulationsmodell hängt von der Qualität der Vorarbeiten und natürlich vom Umfang des Simulationsproblems ab. Die Anzahl der Versuchsläufe ist durch die Anzahl der zu ermittelnden Parameter und durch die gewünschte Genauigkeit des Ergebnisses bestimmt. Die reine Simulationszeit tritt in der Regel gegenüber der Zeit für Auswertung und Dokumentation, die sinnvollerweise parallel erfolgen, in den Hintergrund.

- Auswertung:

  Oft können die Bewertungsgrößen direkt aus dem Versuchslauf entnommen werden (z.B. Maschinenauslastungen). Mit gängigen Tabellenkalkulationsprogrammen können Ergebnisgrößen relativ einfach zu Bewertungsgrößen aufbereitet und graphisch ausgegeben werden. Je nach Umfang der Studie müssen Bewertungsdaten miteinander verknüpft, dargestellt oder verglichen werden. Bei vielschichtigen Problemstellungen mit nicht eindeutigen Ergebnissen kann dieser Aufbereitungsaufwand ansteigen.

- Einsatz der geeigneten Software:

  Verschiedene Simulationssoftware ist für unterschiedliche Einsatzgebiete konzipiert worden. Generell kann gesagt werden, das eine im Programm enthaltene Animation das Systemverständnis und die Modellierung wesentlich vereinfacht. Um Fehler im Modell zu finden, sind einige Produkte mit einem Debugger ausgestattet, der ein sinnvolles Hilfsmittel darstellt. Zur Auswertung der Versuchsläufe stellen die meisten Simulationsprogramme Statistiken zur Verfügung. Diese sind in manchen Programmen sogar individuell zu gestalten, so daß eine optimale Auswertung direkt in die Experimente integriert werden kann.

Abbildung 4-9 faßt diese aufwandskritischen Aspekte zusammen.

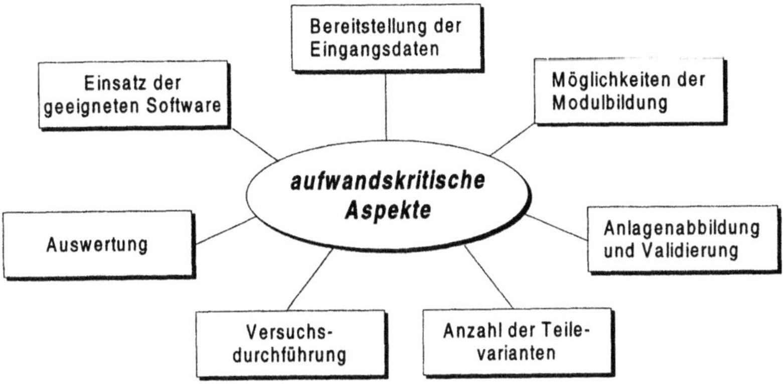

Abb. 4-9: Zusammenfassung aufwandskritischer Aspekte

4.2.4 Eingesetztes Simulationspaket

Im weiteren Verlauf der Arbeit wurde für die an verschiedenen Stellen durchgeführten simulationsgestützten Untersuchungen das Programm WITNESS der Firma AT&T Istel verwendet.

Die Vorzüge dieser besonders zur Darstellung von Materialflußabläufen und verketteten Systemen geeigneten Simulationssoftware liegen in der überschaubaren, interaktiven Benutzerführung und den geringen Ansprüchen an die Hardwareumgebung [NOCH 92]. Es handelt sich um ein Programm mit graphikorientierter Modellbeschreibung. Standardisierte Symbole oder benutzerdefinierte Graphiken, ergänzt durch Parametereingaben und Beschreibungen der Abläufe, werden als Bausteine zur Darstellung der Aufbaustruktur des Modells verwendet. Das Programm verfügt über eine 2D-Animation, mit der das Systemverhalten während der Versuchsläufe am Bildschirm verfolgt werden kann. Die Dateneingabe kann interaktiv am

Bildschirm erfolgen, oder es können Modellbestandteile bzw. ganze Modelle eingelesen werden. Dies kann in Form eines leicht verständlichen Codes in sog. List-Dateien oder direkt über in WITNESS abgespeicherte Modellelemente geschehen [WITN 90]. Die Datenausgabe erfolgt übersichtlich und strukturiert. Die Simulationsexperimente können sowohl in Echtzeit mit Darstellung aller Abläufe als auch in verkürzter Form ohne Visualisierung durchgeführt werden [NOCH 92].

Als Hardwareplattform diente ein IBM-kompatibler PC/AT 486 mit einem Arbeitsspeicher von 16 MB.

In Kapitel 5 folgt nun eine ausführliche Diskussion der Einflußfaktoren "Vormontagegestaltung", "Personal" und "Gruppenarbeit als Arbeitsorganisationsform".

5 Systematische Darstellung ausgewählter Einflußfaktoren

5.1 Gestaltung der Vormontage

5.1.1 Ausgangssituation

Bei der Herstellung komplexer und variantenreicher Erzeugnisse bietet sich aus organistorischen und/oder wirtschaftlichen Gesichtspunkten eine Aufteilung in mehrere Produktionsschritte an. Im Bereich der Montage ist dies durch eine Aufteilung in Vor- und Endmontagen möglich. Hierzu müssen aber produktseitig entsprechende Voraussetzungen, wie z.B. die Abgrenzung separat montier- und prüfbarer Baugruppen, geschaffen werden. Dies ist eine Teilaufgabe der montagegerechten Produktgestaltung (näheres z.B. bei [GAIR 81, BAES 88]). Mit der Bildung bzw. Ausgliederung von Vormontagen eröffnen sich u.a. Chancen, auf unterschiedliche räumliche Randbedingungen zu reagieren, Materialströme zu entflechten und damit zu beherrschen, logistische Abläufe transparenter zu gestalten, Durchlaufzeiten zu verkürzen oder bei geeigneter Verbindung von Vor- und Endmontage Austaktungs- und/oder Auslastungsprobleme zu umgehen. Auch aus Kostengesichtspunkten spielen die Vormontagen eine wichtige Rolle, da das von ihnen für die Endmontage in Form von Teil- oder Unterbaugruppen zur Verfügung gestellte Material bereits einen Wertschöpfungsprozeß durchlaufen hat. Einer zielgerichteten Planung dieses Bereichs kommt daher große Bedeutung zu. In der Literatur fehlen allerdings weitgehend Hinweise zu diesem Thema.

Die Anordnung eines Vormontage-Bereichs im Produktionsablauf hat auf viele, oft gegenläufige Faktoren Einfluß. Die verschiedenen Interessengruppen eines Unternehmens verfolgen dabei unterschiedliche Ziele. So müssen z.B. arbeitsorganisatorische Gesichtspunkte (Möglichkeit zum Arbeitsplatzwechsel, Einführung von Gruppenarbeit etc.) genauso berücksichtigt werden wie eine übersichtliche Logistikstruktur mit kurzen Reaktionszeiten oder die Bereiche Ergonomie und Flexibilität der resultierenden Gesamtstruktur. Daraus ergibt sich die Forderung, die entscheidenden Belange aus mehreren Blickwinkeln zu betrachten und den produktions-, planungs- und fördertechnischen Anforderungen sowie den produktspezifischen Aspekten gerecht zu werden.

Eine Auswahl wichtiger Einflußfaktoren auf die Anordnung von Vormontagen ist in Abbildung 5-1 dargestellt.

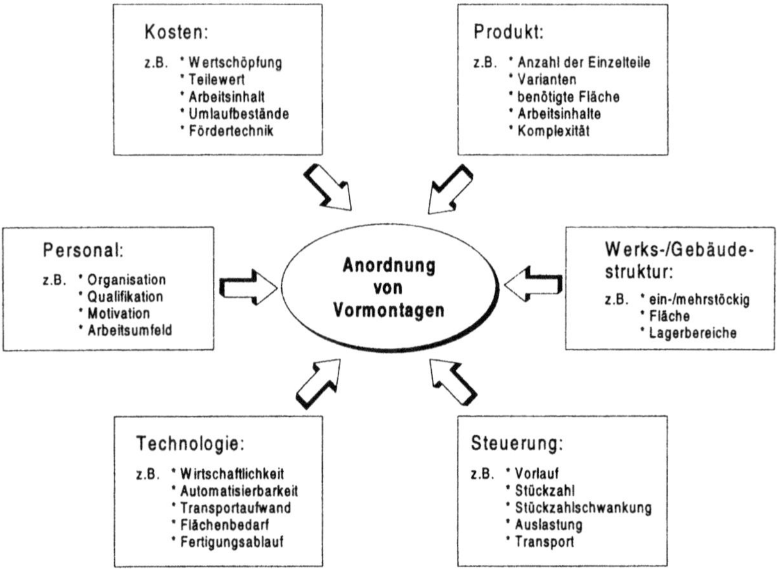

Abb. 5-1: Einflußgrößen bei der Gestaltung von Vormontagen

Im folgenden wird ein beliebiger Ausschnitt aus einer nach dem Fließprinzip gestalteten Endmontagestruktur betrachtet. In der Mitte befindet sich - wie in Abb. 5-2 gezeigt - das Montageband als reines Transportmedium, an das sich beidseitig die Arbeitszone anschließt. Zwischen Arbeitszone und Fahrstraße kann dann in der Materialzone die Teileversorgung der Montage realisiert werden. Die Tiefe der Materialzonen ist dabei begrenzt, damit der Austausch der Behälter, der in der Regel nur von der Fahrstraße her möglich ist, vernünftig gestaltet werden kann. Folglich steht jedem Abschnitt des Montagebandes nur eine limitierte Fläche zur Verfügung, die durch die Teilebereitstellung, evtl. durch Vormontagen und für die sog. indirekten Bereiche (Pausenräume, Informationsstellen, Terminals, Arbeitsplatzdrucker, etc.) genutzt werden können.

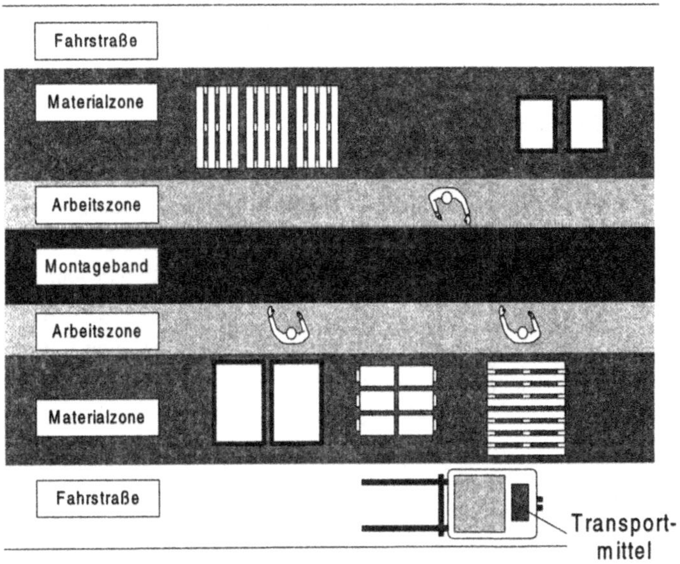

Abb. 5-2: Betrachteter Endmontageausschnitt

Nachfolgend werden zunächst einige grundsätzliche Möglichkeiten der räumlichen Anordnung von Vormontagen kurz charakterisiert.

5.1.2 Anordnungsmöglichkeiten

Prinzipiell sind folgende Anordnungen möglich:

- Vormontage direkt am Endmontageort
- Vormontage komplett von der Endmontage getrennt
- Vormontage nur durch Fahrstraße von der Endmontage getrennt
- Zusammenlegen von Vormontagebereichen
- Vormontage bei einem Zulieferbetrieb
- Integration der Vormontageinhalte in den Endmontageablauf.

Näher dargestellt werden sollen nachfolgend die Extremfälle, nämlich zum einen die Vormontage, die direkt an die Endmontage angegliedert ist, und zum anderen eine komplett getrennte Anordnung sowie die Vergabe von Vormontagen an Zulieferbetriebe.

Der größte Vorteil einer **Anordnung der Vormontage direkt in der Materialzone des Endmontageabschnitts** ist die Möglichkeit des unmittelbaren Einbaus vormontierter Teile ohne zusätzliche Handhabungsvorgänge. Die kurzen Wege und damit kurzen Transportzeiten sowie die Reduzierung von Puffern mit der dann geringeren Kapitalbindung sind wirtschaftlich entscheidende Aspekte. Auch die kurzen Regelkreise, die zwischen der Fertigung in der Vormontage und dem Einbau am Verbrauchsort entstehen, und ihre positiven Auswirkungen auf Qualität und Nacharbeitsaufwand stellen einen wesentlichen Pluspunkt dieser Lösungsvariante dar.

Als Nachteil müssen der eingeschränkte Materialfluß zu der und die eingeschränkte Materialbereitstellung in der Materialzone des Endmontagebereiches genannt werden. Zudem besteht eine gegenseitige Abhängigkeit bei der Erweiterung oder Veränderung der Vor- bzw. Endmontagestruktur (z.B. Änderungen bei der Belieferung von Bandstationen infolge erweiteter Ausstattungsumfänge).

Falls die **Vormontagen in getrennten Bereichen** (je nach baulicher Werksstruktur in von der Endmontage getrennten Flächen, Stockwerken oder sogar Hallen) stattfinden, resultieren daraus lange Materialtransportwege (mit den entsprechenden Transportzeiten) der vormontierten Baugruppen zum entsprechenden Einbauort am Band. Dies erfordert wiederum eine ausreichende Zahl von Transportsystemen (mit entsprechenden Investitions-, Wartungs-, Instandhaltungskosten usw.) und eine Berücksichtigung der Transportaufkommen (je nach Umschlaghäufigkeit zwischen Vormontage und Bandbereich) bei der Planung und Auslegung.

Eine Kommunikation zwischen den beiden Bereichen Vor- und Endmontage ist nur eingeschränkt möglich; es kommt zu längeren Regelkreisen, z.B. bei einer Fehlerkorrektur oder bei Fehlteilsituationen. Der Spielraum für die Verwirklichung moderner Arbeitsorganisationskonzepte nimmt ab, da in der Regel keine

Endmontagetätigkeiten mit einbezogen werden können und damit Belastungswechsel nur schwer zu realisieren sind.

Vorteile lassen sich hinsichtlich flächenintensiver Vormontagen und solchen mit einer großen Anzahl an Teilen, Varianten und Montageinhalten erzielen. Durch die entspanntere Flächensituation in vom Verbrauchsort getrennten Bereichen läßt sich die Materialbereitstellung zum Arbeitsplatz und die Belieferung der Vormontage von mehreren Seiten besser durchführen. Somit können auch ergonomische Aspekte und die Materialbereitstellung größerer Teile leichter verwirklicht werden.

Eine **Trennung der Vormontage von der Endmontage nur durch die Fahrstraße** stellt einen Kompromiß aus den beiden oben dargestellten Varianten dar. Falls ein Wechsel der Arbeitskräfte zwischen Vor- und Endmontage geplant ist, sind jedoch entsprechende Absicherungsmaßnahmen nötig, da ein Überqueren der Fahrstraße erforderlich wird.

Im Zuge der Diskussion über eine Reduzierung der Fertigungstiefe kommt der Lösung mit einer **Vergabe der Vormontage an einen Zulieferbetrieb** erhebliche Bedeutung zu. Die Konzentration auf die Kerntechnologien wird beim Auftraggeber vereinfacht. Für die Beantwortung der "Make Or Buy"-Frage sind das Beschaffungsmarktrisiko und die Bedarfsflexibilität und damit die beiden Ziele Minimierung der Beschaffungskosten und Maximierung der Versorgungssicherheit gegeneinander abzuwägen [HEIN 92, NIES 94].

Die Auslagerung kompletter Vormontagebaugruppen erfordert die Kompetenz von Systemlieferanten und macht sich in einer deutlichen Reduzierung der Anzahl der Zulieferbetriebe bemerkbar. Eine entscheidende Rolle kommt bei einer derartigen Zusammenarbeit dem Abruf- und Liefersystem zwischen Hersteller und Abnehmer zu, wobei die Reduktion der Transaktionskosten im Mittelpunkt steht.

Die hier für Vormontagebaugruppen getroffene Klassifizierung kann direkt auf die Belange der Materialwirtschaft übertragen werden.

5.1.3 Klassifizierung und Bewertung von Vormontageanordnungen

Aufgrund der bereits dargestellten, sehr vielschichtigen und oft gegenläufigen Einflußfaktoren ist eine allgemeingültige Bewertung der Anordnung der Vormontagen nicht möglich. Anhand der **produktspezifischen** Einflüsse soll beispielhaft ein systematischer Lösungsfindungsweg aufgezeigt werden.

Hierzu wird eine Klassifizierung der Vormontagen hinsichtlich

- der Komplexität der vorzumontierenden Baugruppen,
- der Fertigungsart und
- des Teilehandlings

vorgenommen.

Bei der Charakterisierung der **Komplexität** wird in einfache und komplexe Vormontage-Baugruppen unterschieden. Eine entsprechende Baugruppe wird als komplex bezeichnet, wenn sie aus einer großen Anzahl von Teilen besteht und zudem eine Vielzahl an Varianten möglich ist. Eine ergonomisch günstige Bereitstellung der großen Anzahl verschiedener Teile verursacht i.d.R. einen hohen Flächenbedarf bei komplexen Vormontagen.

Im Gegensatz hierzu ist eine einfache Vormontage-Baugruppe durch eine geringe Teilezahl, wenig Varianten, kürzere Vormontagezeiten und einen geringeren Flächenbedarf charakterisiert.

Hinsichtlich der **Fertigungsart** erfolgt eine Differenzierung nach Losgrößenfertigung (auftragsneutral, weitgehend unabhängig vom aktuellen Bedarf in der Endmontage) und auftragsbezogener Fertigung.

Gewicht, Größe und Empfindlichkeit der vormontierten Baugruppen bestimmen die Klassifizierung hinsichtlich des **Teilehandlings**.

Weitere hier nicht berücksichtigte Unterscheidungsmerkmale können sich beispielsweise hinsichtlich des Flächenbedarfs sowie der Anzahl und/oder Qualifikation benötigter Arbeitskräfte ergeben.

Bei der Auswahl optimaler Vormontageanordnungen sind sowohl monetär quantifizierbare als auch monetär nicht bzw. nur schwer quantifizierbare Kriterien zu betrachten. Die kostenmäßige Beurteilung, die u.a. die Aspekte Investitions-, Vorbereitungs-, Auftragswiederhol-, Ausführungs- und Zusatzkosten oder Bestands- und Durchlaufzeitreduzierung berücksichtigt, richtet sich stark nach firmen- und/oder situationsbedingten Vorgaben und Bemessungsfaktoren. Im folgenden liegt daher der Schwerpunkt der Betrachtung bei den monetär nicht oder nur schwer quantifizierbaren Kriterien. Dabei soll die Bewertung der alternativen Anordnungsformen für Vormontagen hinsichtlich der oben getroffenen Klassifizierung anhand einer Matrix durchgeführt werden. In Anlehnung an die Vorgehensweise zur Bestimmung von Arbeitssystemwerten von H. Metzger [METZ 77], die von der Methodik her auf der Nutzwertanalyse basiert, werden die oben dargestellten Anordnungsmöglichkeiten bezüglich verschiedener Systemkriterien bewertet.

Folgende monetär nicht oder nur schwer quantifizierbare Kriterien werden beispielhaft herangezogen:

- Lage der Vormontage zum Verbrauchsort zur Berücksichtigung der Aspekte Materialfluß, Materialbereitstellung und Entfernung (Transportwege)
- Flexibilität hinsichtlich Stückzahlen, Varianten, Neuanläufen sowie baulicher Erweiterungen
- interne Ablauforganisation (v.a. materialflußgerechte Gestaltung der Abläufe innerhalb des Vormontagebereichs)
- Arbeitsorganisation zur Berücksichtigung personalbezogener Kriterien und
- Ergonomie (individuell anpaßbare Arbeitsplätze, Einsatz geeigneter Hilfsmittel).

Eine Gewichtung der Systemkriterien zueinander und als Ergebnis daraus den Gewichtungsfaktor G_i erhält man z.B. durch einen paarweisen Vergleich (hier nicht dargestellt). Der Erfüllungsfaktor E_i gibt an, wie gut die verglichenen, alternativen Vormontage-Anordnungen jedes einzelne Systemkriterium erfüllen. Aus der Multiplikation des Gewichtungsfaktors und des Erfüllungsfaktors ergibt sich ein Teilwert ($G_i * E_i$) für jedes Systemkriterium (Krit 1, ..., Krit n). Die Summe der Teilwerte führt dann zum Vormontagesystemwert (VSW) für die gewählten Vormontage-Anordnungen unter Berücksichtigung der gewählten Klassifizierung. Der Vormontagesystemwert ist somit eine Vergleichszahl, die angibt, wie gut eine alternative Vormontageanordnung die monetär schwer oder nicht erfaßbaren Systemkriterien erfüllt. In Abbildung 5-3 ist dieses Vorgehen kurz dargestellt.

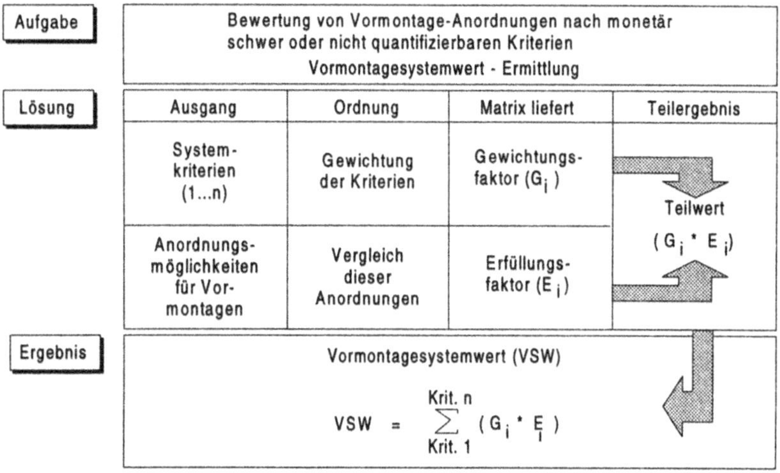

Abb. 5-3: Vorgehen zur Ermittlung des Vormontagesystemwerts

Abbildung 5-4 zeigt exemplarisch die Matrix für eine Bewertung hinsichtlich der Komplexität von Vormontagen.

Im vorliegenden Fall wird das Hauptaugenmerk auf die Kriterien Lage des Vormontageorts, Flexibilität und interner Ablauf in der Vormontage gelegt, was sich in der hohen Gewichtung dieser Aspekte zeigt. Im konkreten Anwendungsfall können sich sowohl bei dieser Gewichtung als auch bei der Einschätzung einzelner Punkte (z.B. bei der Bewertung der Möglichkeit, bestimmte Vormontagen an einen Zulieferer zu übertragen) durchaus Abweichungen ergeben.

Bewertung hinsichtlich der Komplexität einer Vormontage

Lfd. Nr.	Varianten / Systemkriterien	Faktor G_i Pkt.	Faktor G_i %	VM direkt am Band: Bewertung E_i	VM direkt am Band: Faktor × Bewertung	VM getrennt (Halle, Stockwerk): Bewertung E_i	VM getrennt (Halle, Stockwerk): Faktor × Bewertung	VM in Bandnähe, durch Fahrstraße getrennt: Bewertung E_i	VM in Bandnähe, durch Fahrstraße getrennt: Faktor × Bewertung	Vormontage beim Zulieferer: Bewertung E_i	Vormontage beim Zulieferer: Faktor × Bewertung
1	Arbeitsorganisation	4	13	4	16	4	16	5	20	3	12
				4	16	2	8	3	12	4	16
2	Ergonomie	3	10	4	12	5	15	5	15	4	12
				4	12	4	12	4	12	4	12
3	Vormontageort	8	27	4	32	2	16	4	32	2	16
				5	40	2	16	4	32	3	24
4	Flexibilität	7	23	2	14	5	35	5	35	4	28
				4	28	5	35	5	35	4	28
5	Ablauforganisation	7	23	2	14	4	28	5	35	4	28
				4	28	4	28	5	35	4	28
6	Informationsorganisation	1	3	5	5	2	2	4	4	2	2
				5	5	3	3	4	4	2	2
	Summe (VSW)				93		112		141		98
					129		102		130		110

(In each criterion, the first row: Wert für komplexe, aufwendige Vormontagen; the second row: Wert für einfache Vormontagen)

☐ Wert für komplexe, aufwendige Vormontagen

▒ Wert für einfache Vormontagen

Skala für Erfüllungsfaktor E:

1 ├──┤ 5

schlecht — sehr gut

Abb. 5-4: Beispiel einer Bewertungsmatrix

Stellvertretend sollen einige wesentliche Charakteristika der erarbeiteten Bewertungsmatrix aufgegriffen werden.

Die entspanntere Flächensituation spricht gerade bei komplexen Vormontagen bezüglich der ergonomisch günstigen Gestaltung und geeigneter Abläufe innerhalb der Vormontage eher für eine Anordnung außerhalb der Endmontage. Daraus resultieren jedoch negative Auswirkungen auf die Materialflußwege.

Bei einfachen Vormontagen bietet eine direkte Anbindung Vorteile hinsichtlich der Schaffung kurzer Regelkreise, der Verkürzung von Materialflußwegen und bei Integration von Vor- und Endmontage innerhalb einer Arbeitsgruppe der Realisierung abwechslungsreicher Arbeitsplätze.

Diese Punkte und die resultierende Rangfolge der Lösungen gelten allerdings **nur** für das Kriterium "Komplexität einer Vormontage". Es folgt eine stichpunktartige Zusammenfassung für die Bewertung nach weiteren Gesichtspunkten.

Vormontagen im Bereich der Endmontage:

- geeignet bei einfachen, geringe Fläche benötigenden Vormontagen mit kleineren Montageinhalten bzw. -zeiten
- vorteilhaft für das Handling schwerer Teile durch die kurzen Wege
- bei flächenintensiven Vormontagen starke Einschränkung der Materialzone am Endmontageort

Vormontage in getrennten Bereichen:

- bei komplexen Vormontagen besonders in Verbindung mit losweiser Fertigung und damit überschaubarem Transportaufkommen geeignet
- Transportaufwand v.a. bei schweren, großen und empfindlichen Bauteilen und auftragsbezogener Vormontage erheblich

Vormontage in Verbrauchsortnähe:

- noch relativ kurze Wege und Regelkreise, damit auch für schwere Teile denkbar
- Arbeits-, Ablauf- und Informationsorganisation bei komplexeren, aufwendigeren Vormontagen noch günstig

Verlagerung der Vormontage an einen Zulieferer:

- Aufwand für Steuerung und Logistik gerade bei komplexen, variantenreichen Vormontagen erheblich
- hoher Transportaufwand bei schweren, großen und empfindlichen Bauteilen (Schutz vor Transportschäden nötig)
- günstig v.a. bei losweiser Fertigung

Zusammenfassung von Vormontagen:

- günstige Auswirkungen auf Arbeitsorganisation hinsichtlich sehr einfacher Vormontagen

- geeignet für losweise Vormontagen, da dann auch der Transportaufwand vertretbar bleibt
- geeignet für kleine, einfache Vormontagen, da dann günstige Umschlaghäufigkeiten möglich sind
- Übersichtlichkeit hinsichtlich Arbeits- und Informationsorganisation bei komplexen, aufwendigen Vormontagen eingeschränkt

Eine **Integration der Vormontageinhalte in die Endmontage** ist nur bei einfachen Teilen mit geringen Arbeitsinhalten sinnvoll.

Vormontagen sind durch stark variierende Beschreibungsgrößen gekennzeichnet (z.B. Teilezahl, Flächenintensität). Es hat sich gezeigt, daß es sicher nicht **das** Optimum für alle Vormontagen gibt (d.h. je nach Ausprägung der Vormontage ergeben sich unterschiedliche Optima).

Wichtig ist, daß bei der Suche nach der optimalen Lösung nicht die einzelne Vormontage, sondern das Gesamtsystem in den Vordergrund gestellt wird. Eine starke Zergliederung durch die Entscheidung für verschiedene Anordnungsformen in räumlich nah zusammenliegenden Bereichen kann auf Kosten der Transparenz und eines günstigen Materialflusses gehen.

5.1.4 Ein- und Anbindung der Vormontagen

Bislang stand die Frage nach einer geeigneten Anordnung der Vormontage im Mittelpunkt. Erhebliche Rationalisierungspotentiale liegen aber auch in der informations- und materialflußtechnischen Ein- und Anbindung der Vormontage. Gerade bei komplexen Strukturen und variantenreichen Produkten spielen hier eine ganze Reihe von Parametern eine Rolle. Am Beispiel der Auftragsauslösung für die Vormontage sei dies kurz dargestellt. Je früher eine Vormontage angestoßen wird, desto höher ist die Versorgungssicherheit durch das dann zur Verfügung stehende Zeitpolster. Der große zeitliche Vorlauf führt aber auch dazu, daß mehr Teile im Umlauf sind, die entsprechendes Kapital binden. Die so geschaffenen Bestände müssen wieder verwaltet und transportiert werden, was mit den zusätzlich nötigen Handhabungsvorgängen z.T. zu erheblichen Aufwänden führen kann. Die Zeit von einer Fehlerverursachung bis zu seiner

Entdeckung und Behebung steigt an, die Regelkreise werden länger und damit auch die Aufwendungen für den "Betrieb" der Schnittstellen höher. Des weiteren ergeben sich Auswirkungen auf Durchlaufzeiten und Auslastungen, auf die hier nicht näher eingegangen werden soll.

Bereits dieses nur kurz angerissene Beispiel macht die Problematik der Beurteilung des Systemverhaltens bei einer Änderung der sich meist gegenseitig beeinflussenden Größen deutlich. Als Planungshilfsmittel bietet sich folglich die dynamische Ablaufsimulation an. Eine Untersuchung der Zusammenhänge ist Teil des Planungsbeispiels, das in Kapitel 6 dargestellt wird.

5.1.5 Fazit

Mit der Gestaltung der Vormontage kann ein Montagesystem entscheidend geprägt werden. Die verschiedenen Anordnungsmöglichkeiten für Vormontagen zu einer nach dem Fließprinzip gestalteten Endmontage wurden dargestellt und ein systematischer Lösungsweg zur Bewertung der Alternativen anhand der produktspezifischen Einflüsse aufgezeigt. Deutlich zeigt sich dabei, daß bei der Auswahl zahlreiche Parameter zu berücksichtigen sind.

Eine günstige Gestaltung und Anordnung von Vormontagen birgt ein großes Rationalisierungspotential in sich. Sehr klar läßt sich dies herausarbeiten, wenn ein Endmontageabschnitt und die zugehörige Vormontage als ein gemeinsames System betrachtet und von einer organisatorischen Einheit betrieben werden. Dieser Gedanke wird in Kapitel 5.3 nochmals aufgegriffen.

Falls der Aspekt Vormontage erst zu einem späten Zeitpunkt in die Planungen einbezogen wird, ist oft der Zugang zu optimalen Lösungen durch die zahlreichen vorgegebenen Randbedingungen verwehrt. Wieder wird die Notwendigkeit eines integrativen Planungsvorgehens deutlich.

5.2 Personal als zentraler Gestaltungsfaktor

5.2.1 Vorbemerkungen

Die aktuelle Marktsituation mit ihrer ausgeprägten Dynamik erfordert von den Unternehmen hohe Flexibilität hinsichtlich Varianten, Stückzahlen, Neuanläufen oder Lieferterminen. Der Schlüssel zum Erfolg ist gerade beim betrachteten Produktspektrum der Mitarbeiter als flexibelstes Element der Produktion. Er ermöglicht den optimalen Einsatz der entsprechenden Ressourcen eines Unternehmens, wie z.B. des Materials und der Betriebsmittel [WECK 90].

Neben den Markteinflüssen bzw. den Veränderungen in der Technik oder der Organisation besteht für die Unternehmen auch ein Veränderungspotential, das von den Mitarbeitern ausgeht. Die Mitarbeiter bringen ihre veränderten Wertvorstellungen mit in das Unternehmen ein und versuchen ihre Ziele, z.B. bezüglich der Arbeitszeiten oder der Arbeitsinhalte, durchzusetzen.

Eine hieraus ableitbare Forderung ist - wie in Abbildung 5-5 dargestellt - die Entkoppelung von Arbeitszeit und Betriebszeit, die sowohl durch die Einführung flexibler Arbeitszeitmodelle (s.a. Kap. 5.2.3) als auch durch neue Arbeitsorganisationsformen (s.a. Kap. 5.3) erzielt werden kann.

Die tayloristisch geprägten Arbeitsformen mit ihrer strikten Trennung von Kopf- und Handarbeit haben zu einer deutlichen Demotivation der Mitarbeiter geführt. Diese zeigt sich u.a. an hohen Fehlzeiten und Fluktuationsraten. Den oben angesprochenen, veränderten Wertvorstellungen der Mitarbeiter kann so nicht entsprochen werden. Im Zuge der "lean production"-Diskussion (z.B. [WOMA 91]) wurde und wird daher die verstärkte Delegation von Aufgaben und Verantwortung an die Mitarbeiter, die an der unmittelbaren Wertschöpfung beteiligt sind, gefordert.

Im Hintergrund steht für die Unternehmen zum einen die Zielsetzung der Produktivitätserhöhung durch Steigerung der Personalauslastung und zum anderen die Verringerung von Fehlzeiten und Erhöhung der Produktqualität. Diese Ziele können nur mit qualifizierten und motivierten Mitarbeitern realisiert werden. Deshalb wird dem Faktor Personal im Rahmen der Unternehmensstruktur

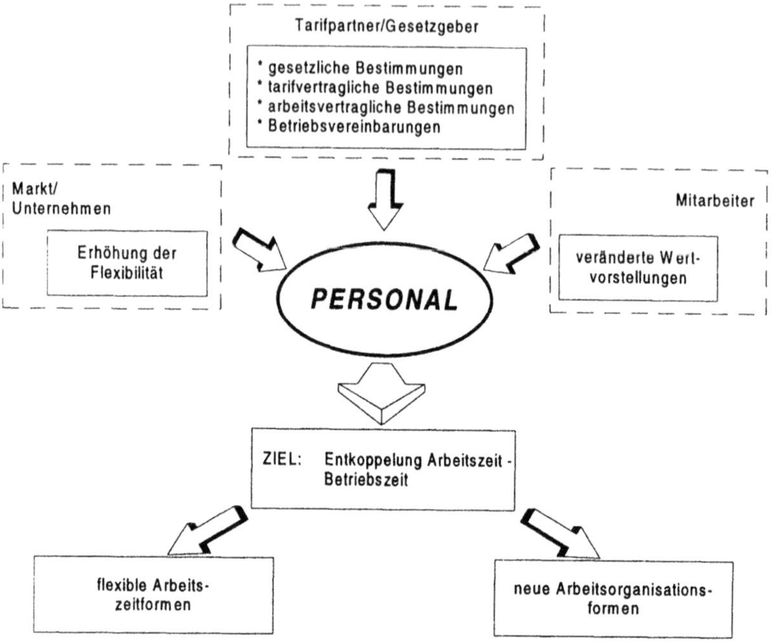

Abb. 5-5: Personal als entscheidender Gestaltungsfaktor

eine immer größere Bedeutung zugemessen, was in einer veränderten Personalpolitik zum Ausdruck kommt. Die Personalplanung (s.a. Kap. 5.2.4) wird zunehmend in die Unternehmensplanung integriert, da der Personalbereich mit seinen Kosten (z.B. Löhne oder Ausgaben für Aus- und Weiterbildung etc.) an Bedeutung gewinnt.

Es soll an dieser Stelle zunächst systematisch aufgezeigt werden, welche Kriterien bei einer personalorientierten Neustrukturierung einen wesentlichen Einfluß haben. Anschließend werden flexible Arbeitszeitformen sowie die Problematik der adäquaten Personalplanung dargestellt. Am Beispiel eines Ausschnitts einer Fließmontage wird aufgezeigt, wie die Ablaufsimulation bei der Untersuchung von personalorientierten Zusammenhängen wirkungsvoll eingesetzt werden kann.

5.2.2 Gestaltung der Arbeitsinhalte

Die Arbeitswissenschaft gliedert die Frage nach menschengerechter Arbeit nach den vier Kriterien

- Ausführbarkeit,
- Erträglichkeit,
- Zumutbarkeit und
- Zufriedenheit [SCHM 81].

Die veränderten Erwartungen der Mitarbeiter berühren v.a. den Punkt "Zufriedenheit". Wichtige Anhaltspunkte liefern hier die Motivationstheorien von Maslow und Herzberg (z.B. [GROB 82, BULL 86]). Maslow strukturiert dabei die Bedürfnisse des Menschen in Form einer Pyramide beginnend mit den physiologischen Grundverlangen (z.B. Arbeit als Existenzgrundlage). Sind nach und nach die Sicherheits-, die sozialen und die Wertschätzungsbedürfnisse erfüllt, so steht an oberster Stufe das Verlangen des Menschen, seine Fähigkeiten z.B. durch abwechslungsreiche oder verantwortungsvolle Tätigkeiten entfalten zu können.

Herzberg unterscheidet in seiner Zwei-Faktoren-Theorie Hygienefaktoren, die bei entsprechend positiver Ausprägung die Unzufriedenheit der Mitarbeiter verhindern und Motivatoren, die zu Arbeitszufriedenheit und Leistungsbereitschaft führen. Die Motivatoren können vor allem aus dem Arbeitsinhalt abgeleitet werden, was die Bedeutung der Verteilung der Arbeitsinhalte auf die einzelnen Mitarbeiter deutlich macht. Der Arbeitsinhalt ist demnach so zu bemessen, daß neben der erforderlichen Produktivität des Arbeitssystems auch attraktive Arbeitsplätze geschaffen werden, um die Motivation der Mitarbeiter zu steigern.

Das Arbeitsergebnis entsteht aus dem Zusammenwirken von Arbeitsaufgabe, Arbeitsbedingungen und der Arbeitsausführung durch den Mitarbeiter. Die Arbeitsinhalte sind hierbei der Ausgangspunkt für das Zusammenwirken, so daß durch eine mitarbeiterorientierte Gestaltung der Arbeitsinhalte das Arbeitsergebnis positiv beeinflußt werden kann [BULL 86].

Bei der herkömmlichen Form der industriellen Arbeitsorganisation in der Montage stand bis vor wenigen Jahren die Fließbandarbeit mit einer hohen Arbeitsteiligkeit als typisches Beispiel im Mittelpunkt. Die strikte Trennung von ausführenden und planenden bzw. dispositiven Tätigkeiten, sowie kurze Taktzeiten und angelernte, unqualifizierte Mitarbeiter sind charakteristisch für diese Form der Arbeitsstrukturierung nach Taylor.

Den Vorteilen, wie kurze Anlernzeiten für die Mitarbeiter, gut planbare Kapazitätsauslastung bei - nicht mehr marktgerechter - niedriger Varianz der Produkte oder gleichbleibende Produktqualität bei lückenloser Fehlerüberwachung und Fehlerbeseitigung, stehen gravierende Nachteile gegenüber. Zu diesen zählen die hohen Qualitätssicherungskosten, der große personelle Aufwand (Springer, Kontrolleure, Führungs- und Verwaltungspersonal) und das mangelnde Qualitätsbewußtsein der Mitarbeiter durch die geringe Identifikation mit dem Arbeitsergebnis und dem Arbeitsgeschehen.

Der Prozeß der Entfremdung der Arbeitsperson von ihrer Arbeit vollzieht sich, wie in Abbildung 5-6 gezeigt, zyklisch [ROHM 76].

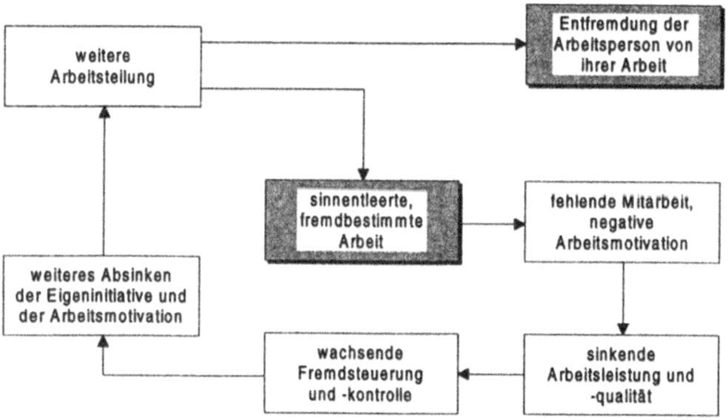

Abb. 5-6: Prozeß der Entfremdung durch fremdbestimmte, sinnentleerte Arbeit nach [ROHM 76]

Die individuellen Bedürfnisse der Mitarbeiter nach größerer Aufgabenvielfalt, mehr Entscheidungsbefugnissen, größerer Verantwortung, größerem Interaktionsspielraum etc. lassen sich durch folgende Maßnahmen erfüllen: (u.a. [GROB 82, BULL 86, AWF 90])

- **Arbeitserweiterung (Job-Enlargement)**: Der Umfang des Arbeitsinhaltes vergrößert sich durch mehr Arbeitsaufgaben auf ähnlichem Anforderungsniveau. Der Mitarbeiter übernimmt Arbeitszyklen, die zuvor von mehreren Mitarbeitern ausgeführt wurden, so daß sich für jeden Mitarbeiter die Anzahl der Arbeitsvorgänge erhöht und die Zykluszeit vergrößert. Der Mitarbeiter übernimmt jedoch keine völlig neuen oder andersartigen Aufgaben. Der Vorteil der (horizontalen) Arbeitserweiterung liegt in einer Verringerung der Belastung des Mitarbeiters durch Belastungswechsel. Das Job-Enlargement betrifft deshalb in erster Linie die Ablauforganisation und hat nur minimale Auswirkungen auf die Entlohnung. Die Artteilung als charakteristische Form der Kapazitätsteilung von Montagelinien wird durch die Aufgabenerweiterung verringert.

Sowohl aus humanitärer als auch aus wirtschaftlicher Sicht gibt es hinsichtlich des Grads der Arbeitsteilung bzw. der Spezialisierung ein gewisses Optimum (s.a. Abb. 5-7 und 5-8). Häufige Wiederholungen geringer Arbeitsinhalte führen zu Unterforderung und Monotonieempfinden, was sich z.B. in erhöhter Fluktuation, hohen Fehlzeiten oder Qualitätsmängeln äußert. Zu umfangreiche Arbeitsinhalte ziehen hingegen aufgrund des dann hohen Komplexitätsgrads ebenfalls Mehraufwände z.B. durch Fehlmontagen nach sich.

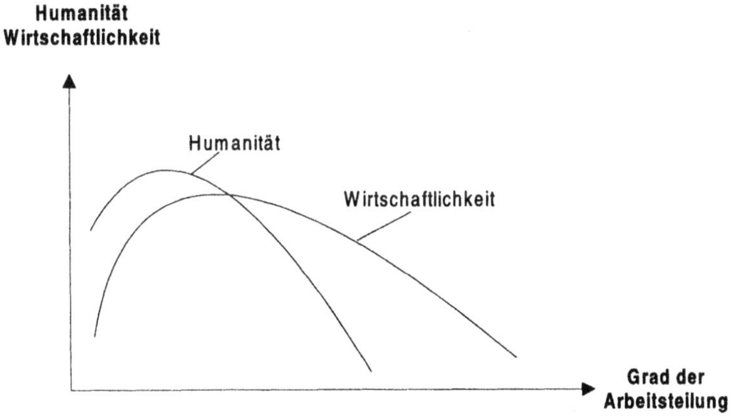

Abb. 5-7: Einfluß des Grades der Arbeitsteilung auf Wirtschaftlichkeit und Humanität nach [ROHM 76]

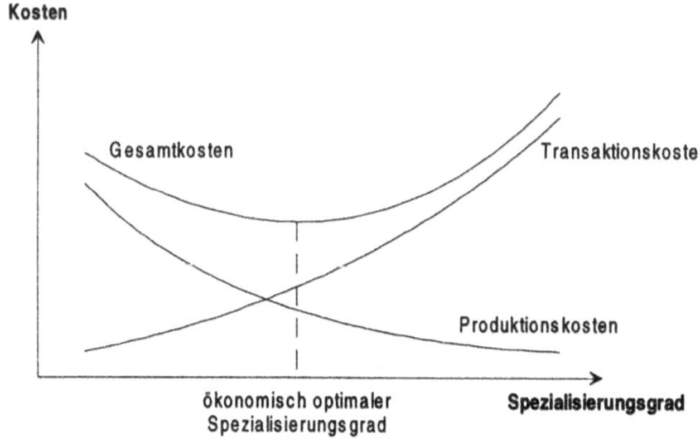

Abb. 5-8: Ermittlung des ökonomisch optimalen Spezialisierungsgrads nach [HEIN 92]

- **Arbeitsbereicherung** (Job-Enrichment): Die Art des Arbeitsinhaltes verändert sich hierbei durch verfahrensübergreifende sowie arbeitsvorbereitende Tätigkeiten. Die Arbeit des Mitarbeiters kann z.B. um Aufgaben der Materialdisposition oder der Qualitätsprüfung bereichert werden. Beim Job-Enrichment (vertikale Arbeitserweiterung) erhöht sich die Auslastung der Mitarbeiter im Sinne ihrer Fähigkeiten ebenso wie die Qualifikationsanforderung, womit auch die Entlohnungsansprüche steigen. Die Arbeitsbereicherung betrifft neben der Ablauforganisation auch die Aufbauorganisation des Arbeitssystems.

- **Arbeitsplatzwechsel** (Job-Rotation): Die Mitarbeiter wechseln sich bei der Ausführung verschiedener zusammenhängender Arbeitsinhalte ab. Der sporadische oder regelmäßige Wechsel von Arbeitsplätzen oder Tätigkeiten ist, abhängig von der Ähnlichkeit der Arbeitsaufgaben, mit dem Prinzip der Arbeitserweiterung oder der Arbeitsbereicherung vergleichbar. Durch einen Verfahrenswechsel entfällt die einseitige Belastung der Mitarbeiter und es kann eine Entfaltung der individuellen Fähigkeiten erfolgen. Der erhöhte Qualifikationsbedarf führt hier zu einer Lohnsteigerung.

- **Arbeitsgruppen** (Gruppenarbeit): Der Arbeitsinhalt wird komplett an die Arbeitsgruppe übergeben, die über möglichst viele Aspekte der Arbeitsausführung selbst entscheidet. Die einzelnen Formen der Arbeitsorganisation können bei der Gruppenarbeit, je nach interner Arbeitsteilung, vereinzelt oder zusammen auftreten. Auf diese Organisationsform wird in Kapitel 5.3 noch näher eingegangen.

Abbildung 5-9 stellt die oben beschriebenen Prinzipien graphisch dar. Betrachtet man diese Maßnahmen bezüglich des resultierenden Handlungsspielraums, so wird der Tätigkeitsspielraum durch die Arbeitserweiterung, und der Entscheidungs- und Kontrollspielraum durch die Arbeitsbereicherung vergrößert. Eine Erweiterung des Interaktionsspielraums, wie er sich durch die Einführung von Gruppenarbeit ergibt, hat durch die Ablösung der Isolation bei der Taktarbeit durch Zusammenarbeit und Kommunikation mit Kollegen die weitreichendsten Konsequenzen [DUTT 83].

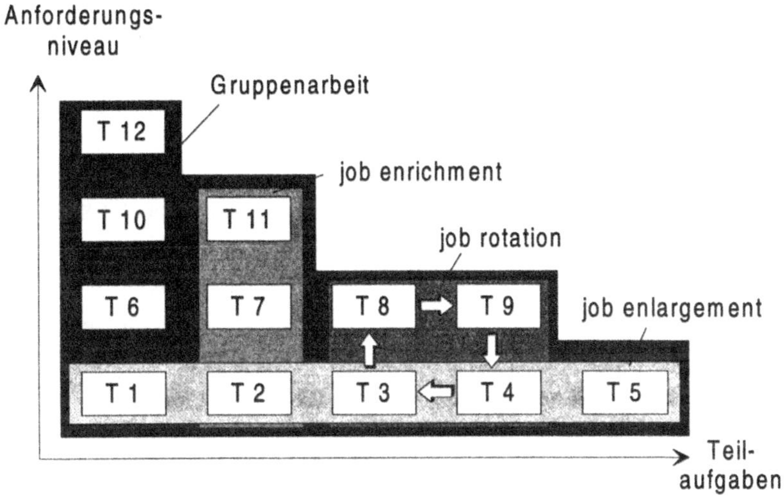

Abb. 5-9: Darstellung von Arbeitsstrukturierungsprinzipien; z.B. nach [GROB 82]

5.2.3 Flexible Arbeitszeitmodelle

Durch die veränderten wirtschaftlichen und gesellschaftlichen Rahmenbedingungen bekommt die Arbeitszeit einen neuen Stellenwert. Die dynamischen Marktanforderungen und die steigende Kapitalintensität der Arbeitsplätze erfordern ebenso eine Neugestaltung der Arbeitszeitregelungen wie die tariflich bedingten Arbeitszeitverkürzungen und die Forderung der Arbeitnehmer nach mehr Selbstbestimmung in der Arbeitszeitgestaltung. Ziel ist - wie bereits angedeutet - eine Entkoppelung von Arbeits- und Betriebszeit.

Die Arbeitszeit umfaßt dabei definitionsgemäß die Zeitspanne, während der ein Arbeitnehmer seine Arbeitskraft nach einer vertraglichen Regelung und gegen Entgelt dem Arbeitgeber zur Verfügung stellt. Demgegenüber bildet die Betriebszeit den Rahmen, der durch die individuellen Arbeitszeiten der Mitarbeiter ausgefüllt wird [HELM 89].

Im folgenden werden zunächst die Grundformen der verschiedenen Arbeitszeitregelungen dargestellt.

Bei den traditionellen, starren Arbeitszeitregelungen sind die Arbeitszeiten der Mitarbeiter bzw. einer Schicht deckungsgleich mit der Betriebszeit der Arbeitsplätze. Unter flexiblen Arbeitszeiten können nach Wildemann [WILD 91] alle Regelungen verstanden werden, die eine Entkoppelung von Arbeits- und Betriebszeit ermöglichen, so daß die Deckungsgleichheit der individuellen Arbeitszeit mit der Betriebszeit aufgehoben wird.

Die flexiblen Arbeitszeitmodelle lassen sich zum einen bezüglich der **Flexibilisierungsart** (Art der Entkoppelung von Arbeits- und Betriebszeit) unterscheiden. Eine Unterteilung in **chronometrische** (Veränderung der Dauer der individuellen gegenüber der tariflichen Arbeitszeit eines Vollzeitarbeitnehmers), **chronologische** (Entkoppelung durch die Veränderung der Lage der Arbeitszeit) bzw. **kombinierte** (Variation von Lage und Dauer) **Modelle** ist möglich.

Zum anderen kann die Unterscheidung nach dem **Flexibilisierungsgrad** in offene und geschlossene Systeme erfolgen. Die **offenen Arbeitszeitsysteme** bieten innerhalb eines Bezugszeitraums einen Dispositionsspielraum, die Lage/Verteilung und Dauer der Arbeitszeit mehrmals zu verändern. Die Arbeitszeit ist abwandelbar und weist damit einen hohen Flexibilitätsgrad auf. Die **geschlossenen Arbeitszeitsysteme** bieten keine Möglichkeit zur Veränderung von Dauer oder Lage der Arbeitszeit innerhalb des Bezugszeitraumes. Die Arbeitszeit ist, im Vergleich zu starren Arbeitszeitsystemen, abgewandelt, weist aber einen niedrigen Flexibilitätsgrad auf.

Um die Einordnung der verschiedenen Arbeitszeitmodelle zu erleichtern, sind in Abbildung 5-10 die Unterscheidungskriterien der Arbeitszeitregelungen dargestellt.

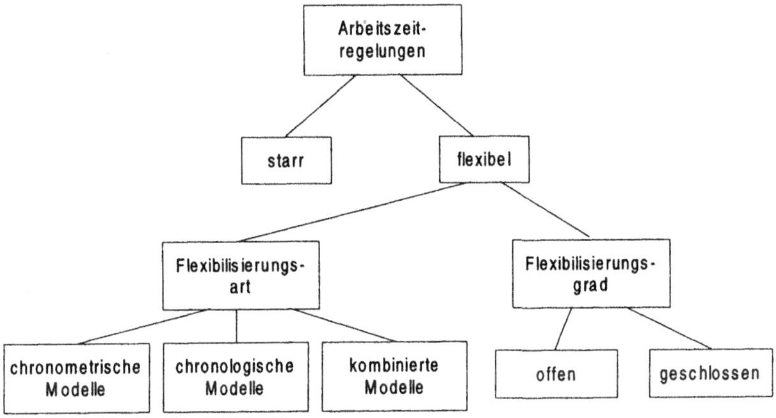

Abb. 5-10: Unterscheidungskriterien der Arbeitszeitmodelle

Abbildung 5-11 zeigt verschiedene konkrete Modelle und ordnet sie gemäß den oben erläuterten Kriterien in einer Matrix an. Nachfolgend sollen aus dem Bereich der flexiblen Arbeitszeitmodelle einige typische Vertreter kurz erläutert werden.

Die **Gleitzeitmodelle** stellen die flexibelste Form der Arbeitszeitregelungen dar und sind mit vielen anderen Arbeitszeitmodellen kombinierbar.

Die **Schichtarbeitssysteme** ermöglichen durch die Entkoppelung von Arbeits- und Betriebszeit eine Steigerung der Betriebszeit und Kapazität, ohne eine vollständige Umstrukturierung des Arbeitszeitsystems vorzunehmen.

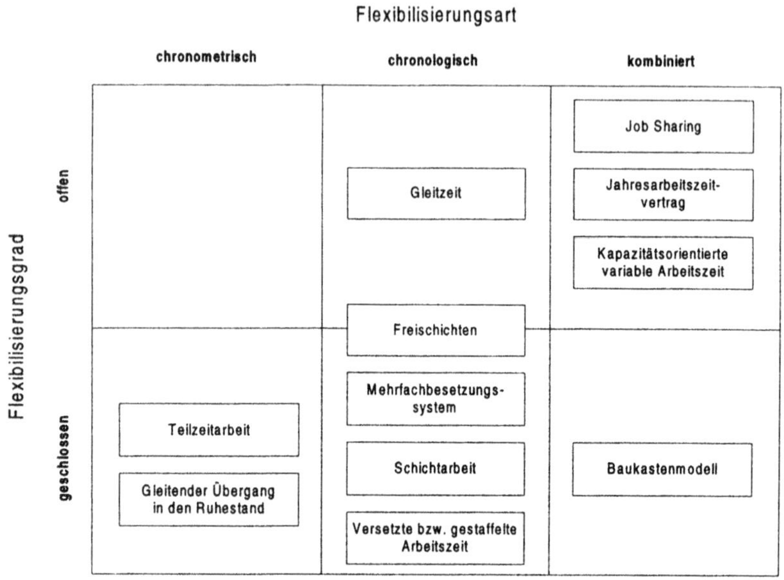

Abb. 5-11: Einordnung diverser Arbeitszeitmodelle

Die Schichtarbeit besitzt einen hohen Verbreitungsgrad. Durch die zunehmende Verkürzung der Wochenarbeitszeit sowie den Abbau tariflicher Vergünstigungen für Schichtarbeiter wird der Trend zur Schichtarbeit noch verstärkt [MUEL 91]. Bei der Gestaltung von Schichtarbeit gilt es, eine ganze Reihe von arbeitswissenschaftlichen Empfehlungen (siehe z.B. [KNAU 89]) zu berücksichtigen. Da eine Einhaltung aller Kriterien meist nicht möglich ist, ist hier auch der Schwachpunkt der Schichtsysteme zu sehen.

Bei der wirtschaftlichen Bewertung der Schichtarbeit sind neben dem Vorteil der Erhöhung der Betriebsmittelnutzungszeit folgende Punkte im Auge zu behalten und entsprechend abzuwägen:

- steigende Lohnkosten,
- steigende Instandhaltungskosten und
- niedrigere wirtschaftliche Nutzungsdauer der Anlagen.

Daneben stellen die Freischichten hinsichtlich der Planung der Personalkapazitäten ein großes Problem dar (s.a. Kap. 5.2.4).

Die für den einzelnen Betrieb optimale Arbeitszeitregelung besteht oft nicht nur aus einem einzigen Arbeitszeitmodell, sondern setzt sich aus verschiedenen Modellen zusammen. Aufgrund der verschiedenen vorherrschenden Markt- und Produktionsbedingungen ergeben sich unterschiedliche Anforderungen an die Arbeitszeitgestaltung. So benötigt ein Unternehmen, das einer hohen Marktdynamik und somit häufigen Veränderungen ausgesetzt ist, eine höhere Flexibilität in der Arbeitszeitgestaltung als eines, bei dem eine relativ gleichbleibende Arbeitssituation vorliegt.

Die Umsetzung flexibler Arbeitszeitmodelle in einem industriellen Produktionsbereich hängt von der Form der Betriebsorganisation ab. Dabei spielt die zeitliche Flexibilität und die mögliche Unabhängigkeit der einzelnen Arbeitsplätze von organisatorisch vor- und nachgelagerten Arbeitsplätzen eine wichtige Rolle.

Folgende Maßnahmen unterstützen oder ermöglichen überhaupt erst die Anwendung flexibler Arbeitszeiten [UTSC 81, NIEF 93]:

- Bildung von Puffern,
- Einsatz einer Stellvertretung durch Springer,
- Anwendung von Arbeitsplatzwechsel,
- Verschiebung des Zeitzwanges durch Absprache und/oder
- Einführung neuer Arbeitsorganisationsformen.

Bei der Einführung flexibler Arbeitszeiten besteht ein Zielkonflikt zwischen den Interessen des Betriebes und den Interessen der Mitarbeiter. Zum einen sind durch die vorgestellten Arbeitszeitmodelle Betriebszeiten möglich, die weitgehend unabhängig von den individuellen Arbeitszeiten der Mitarbeiter sind und somit zu einer höheren Flexibilität des Betriebes führen. Das Unternehmen kann auf Kapazitätsschwankungen besser reagieren und die Betriebsmittelauslastung kann gesteigert werden. Auf der anderen Seite stehen die Interessen der Mitarbeiter, die einen möglichst großen Dispositionsspielraum bei der Arbeitszeitgestaltung anstreben. Um das Potential der flexiblen

Arbeitszeitmodelle zu nutzen, müssen deshalb die Arbeitszeiten von den Betrieben so vorgegeben werden, daß die Mitarbeiter, z.B. durch die gleitende Arbeitszeit, ein Mitbestimmungsrecht in der Arbeitszeitgestaltung oder durch die Arbeitsorganisation in Gruppen eine Dispositionsfreiheit erhalten. Andererseits müssen die Mitarbeiter bei der Gestaltung ihrer Arbeitszeiten die Interessen des Betriebes berücksichtigen, um z.B. eine kapazitätsorientierte Auslastung der Betriebsmittel zu ermöglichen.

Bei der Umsetzung der verschiedenen Arbeitszeitregelungen sind neben den o.a. Punkten die jeweils geltenden gesetzlichen, tarifvertraglichen und arbeitsvertraglichen Bestimmungen sowie ggf. spezielle Betriebsvereinbarungen zu berücksichtigen.

Einen Ansatz zur Verringerung des hohen Planungsaufwands bei flexiblen Arbeitszeitregelungen gibt es bei teilautonomen Gruppen. Die Verantwortung für Freischichtregelungen, Urlaubseinplanungen etc. wird auf die Gruppe übertragen. Die planenden und steuernden Abteilungen können so deutlich entlastet werden.

5.2.4 Personalplanung

Trotz der oben dargestellten Bedeutung des Faktors "Personal" für die innerbetriebliche Wertschöpfung ist die Personalplanung das am wenigsten angewandte Instrument im Planungsbereich des Unternehmens (s.a. Abb. 5-12).

Von den diversen, in Abbildung 5-13 dargestellten Aufgaben der Personalplanung sollen nachfolgend v.a. die Bereiche Personalbedarfs- und Personaleinsatzplanung näher dargestellt werden.

Die Aufgabe der Personalbedarfsplanung ist nach REFA "die Ermittlung des erforderlichen Personals nach Art (Qualifikation), Anzahl, Zeitpunkt und Dauer sowie ggf. Einsatzort" [REFA 85]. Obgleich in dieser Definition an erster Stelle genannt, ist die fehlende Berücksichtigung der qualitativen Dimension neben der rein quantitativen Ermittlung das wesentliche Manko der meisten Ansätze.

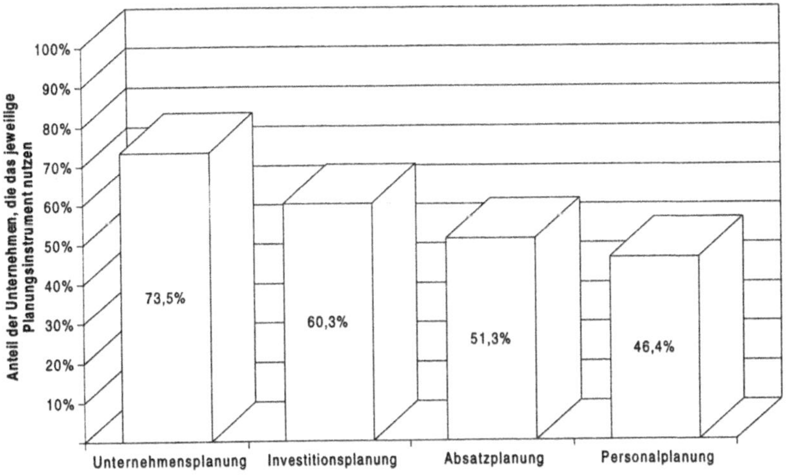

Abb. 5-12: Stellung der Personalplanung im Vergleich zu anderen Planungsfeldern nach [REIS 90]

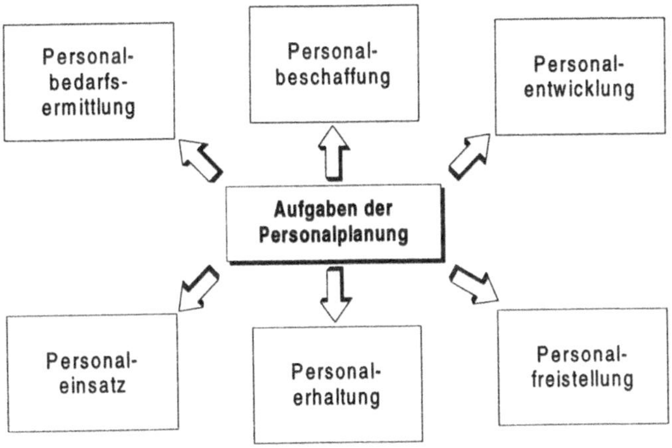

Abb. 5-13: Aufgaben der Personalplanung nach [REFA 85]

Die Personalbedarfsbestimmung für die direkten Bereiche, die aufgrund der exakteren Untergliederung der Arbeitsaufgaben eine detailliertere Planung als in den indirekten Bereichen erlaubt, erfolgt oft nach folgender Formel: [GROB 82]

Anzahl Mitarbeiter = t_e * JS / (60 * T * ZG/100)

mit

t_e = Arbeitsinhalt in [min/Stück] (Vorgabezeit)

JS = Jahresstückzahl im Vorhersagejahr

T = durchschnittliche Arbeitsstunden je Mitarbeiter und Jahr in [h]

ZG = Zeitgrad in [%]

Eine Berücksichtigung der Personalqualifikation fehlt dabei ebenso wie bei der Formel nach Doeringer, die für die stationäre Serienfertigung zumindest weitere Faktoren, wie z.B. die Wertschöpfung und eine jährliche Änderungsrate der Produktivität zur Personalbedarfsbestimmung heranzieht. Eine Verbesserung stellt hier die Formel nach Rosenkranz dar, die durch die Berücksichtigung unterschiedlicher Arbeitsabläufe die Möglichkeit schafft, verschiedene Tätigkeiten und somit auch verschiedene Qualifikationen zu berücksichtigen [REIS 90].

Der qualitative Aspekt der Personalplanung soll nachfolgend bei der Personaleinsatzplanung näher betrachtet werden.

Sinn und Zweck der Personaleinsatzplanung ist eine möglichst günstige Ausnutzung der Personalressourcen und somit eine möglichst optimale Zuordnung der Mitarbeiter zur jeweiligen Tätigkeit bzw. zum jeweiligen Arbeitsplatz. Die langfristige Personaleinsatzplanung, die sich an übergeordneten Plänen (z.B. Produktions- oder Investitionsplan) orientiert, ist eng mit der Personalbedarfsplanung verzahnt. Zur mittel- und langfristigen Optimierung des Personaleinsatzes und der Personalkapazität existiert wieder eine Vielzahl von Verfahren, von denen hier nur die Verfahren nach Meiritz, Keitel und Dressler oder Gewald, Kasper und Schelle als Vertreter der heuristischen Ansätze genannt werden sollen. Die qualitative Komponente bleibt aber auch hier unberücksichtigt [REFA 85, REIS 90].

In der Praxis wird in der Regel für die qualitative Personaleinsatzplanung das summarische Zuordnungsverfahren eingesetzt. Die von den Mitarbeitern eingebrachten und von der Stellenseite her abgeforderten Qualifikationen werden hier zwar berücksichtigt, allerdings läßt das relativ grobe Bewertungsraster keine Rückschlüsse für die Personalentwicklungsplanung zu. Gründe für die nur unbefriedigende Berücksichtigung des Faktors "Qualifikation" liegen u.a. im geringen Angebot an praktikablen Methoden, dem teilweise geringen Wissen über Ausbildungsinhalte bei der Vielzahl der Berufe und in der fehlenden Kenntnis der genauen Arbeitsinhalte an den Arbeitsplätzen bei den Arbeitsplanern [BARD 87].

Die kurzfristige Personaleinsatzplanung ist hingegen eine Aufgabe der Steuerung und richtet sich in erster Linie nach der aktuellen Auftragslage. Auf der Ebene der Werkstattsteuerung gehen die Entwicklungen zunehmend dahin, den Menschen als Entscheidungsträger in den rechnergestützten Planungsablauf einzubeziehen. Dies resultiert aus der Erkenntnis, daß die Erfahrungen des Disponenten oder Meisters schwer in Algorithmen zu fassen sind, andererseits aber eine Rechnerunterstützung bei der kurzfristigen Disposition sinnvoll ist [REFA 85, SCHM 89, REIS 90].

Ein praktikables Hilfsmittel stellt auch in diesem Fall die Ablaufsimulation dar. Einzelne Systeme (z.B. Taylor, Persimo oder Simple++) beinhalten bereits die Möglichkeit der Personaleinsatzplanung. Auch im System WITNESS kann dies erfolgen, wobei der Aspekt der Personalqualifikation z.B. über den einzelnen Werkern zugeordneten Attributen abgedeckt werden kann.

Die Planung des Personalbedarfs und des -einsatzes wird durch Ausfallszeiten (nach REFA [REFA 85] in der Fehlquote zusammengefasst), die die Verfügbarkeit des Personals einschränken, weiter erschwert.

Während sich der Einflußfaktor Urlaub noch relativ exakt bestimmen läßt, müssen z.B. die Freischichten aufgrund der Vielzahl der vorhandenen Schichtmodelle jeweils individuell quantifiziert werden. Fehlzeiten aufgrund von Krankheit sind ebenfalls nur schwer allgemeingültig zu berücksichtigen, da sich hier z.B. auch im Laufe einer Woche deutliche Unterschiede zeigen. Der Beginn bzw. das Ende von Arbeitsunfähigkeit durch Krankheit fällt unverhältnismäßig oft auf die sog. Randtage (Montag und Freitag). Weitere Faktoren, wie Kurzarbeit oder Streik, sind stark situationsabhängig und erfordern daher schnelle Reaktionsmöglichkeiten. Dies gilt auch für die indirekten Faktoren (z.B. Materialengpässe, Betriebsstörungen oder Motivationsdefizite), die zu zeitweiliger mangelnder Bereitschaft oder Fähigkeit zur Leistungserbringung führen [REIS 90].

Bei all diesen Störgrößen gilt wieder zu berücksichtigen, daß hiervon nicht nur die Anzahl der Mitarbeiter betroffen ist. Auch bei quantitativer Übereinstimmung von vorhandener und benötigter Personalkapazität sind qualitative Diskrepanzen möglich (s.a. Abb. 5-14).

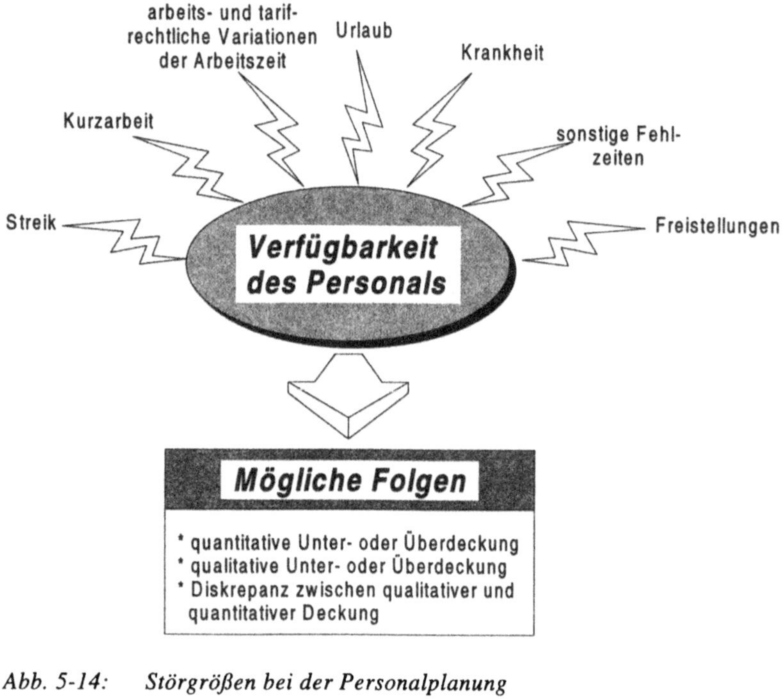

Abb. 5-14: Störgrößen bei der Personalplanung

Lösungsansätze zum Ausgleich der Störgrößen bzw. zur Verminderung der Auswirkungen sind in Abbildung 5-15 dargestellt.

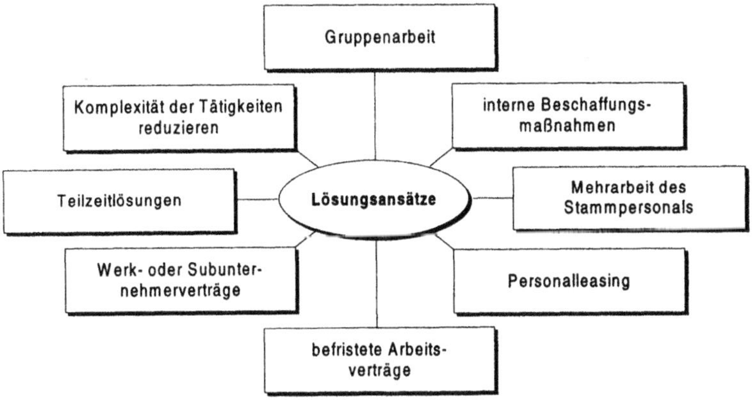

Abb. 5-15: *Lösungsansätze zum Ausgleich der Verfügbarkeitsschwankungen*

Die Gruppenarbeit als auch hinsichtlich der Folgen für den Steuerungsaufwand interessanter Weg wird in Kapitel 5.3 nochmals aufgegriffen.

5.2.5 Einsatzbeispiel für die Ablaufsimulation

Bei dem vorliegenden Beispiel wird die Endmontage eines Nutzfahrzeugherstellers betrachtet. Es handelt sich hierbei um eine starr verkettete Fließbandmontage ohne Gruppenarbeit. Die Produktion ist vor allem durch eine hohe Variantenanzahl und stark schwankende Arbeitsumfänge gekennzeichnet. Die Werker gehen während der Montage mit dem kontinuierlich bewegten Montageobjekt mit.

Diese Produktionssituation führt dazu, daß zwei Planungsziele miteinander in Konflikt geraten. Auf der einen Seite steht die Planung der Arbeitsintervalle und der Bereitstellung von Material und Betriebsmitteln. Die Arbeitsintervalle sollen möglichst konstant sein, um Modell-Mixverluste zu vermeiden, und das Material und die Betriebsmittel sollten sich an einem Ort des Montagebandes befinden. Dem gegenüber steht der flexible Einsatz des Arbeiters, vor allem in Bezug auf seinen Arbeitsbereich. Das Schwimmen am Band ermöglicht es dem Arbeiter, Montagetätigkeiten an einem Lkw auszuführen, die größer sind als er in seinem eigentlichen Arbeitsbereich bewältigen kann. Der Werker arbeitet in diesem Fall sowohl im Kern- als auch im Schwimmbereich seiner Station (s.a. Abb. 5-16).

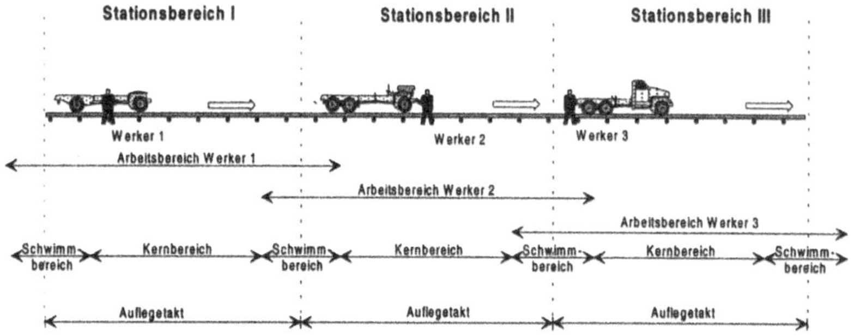

Abb. 5-16: Bandabschnitt mit Definition der Arbeitsbereiche

Mit Hilfe der Simulation soll bestimmt werden, wo sich der Werker in Abhängigkeit vom Montageprogramm in seinem Arbeitsbereich aufhält. Daneben soll die Auslastung des Werkers ausgewiesen werden. Die Qualifikation spielt bei den nachfolgenden Betrachtungen keine Rolle, da angenommen wird, daß der Werker alle Umfänge aus seinem Arbeitsbereich auch beherrscht.

Infolge der je nach Variante stark schwankenden Arbeitsumfänge lassen sich die Auslastung des Werkers und dessen Wanderbewegungen im Bandbereich mit rein analytischen Mitteln nur schwer bestimmen.

Untersucht werden müssen dabei zwei unterschiedliche Arbeitssituationen. Während im ersten Fall (vgl. Abb. 5-17) ein paralleles Arbeiten von zwei Mitarbeitern ausgeschlossen wird, wird dies im zweiten Modell (vgl. Abb. 5-18) zugelassen. Kann immer nur ein Mitarbeiter am Montageobjekt arbeiten, so haben eventuelle Rückstände aus der Vorgängerstation einen wesentlichen Einfluß auf die Arbeitssituation für den Werker in der aktuell betrachteten Station. Im Falle möglicher Parallelarbeit spielen diese Überhänge hingegen keine Rolle.

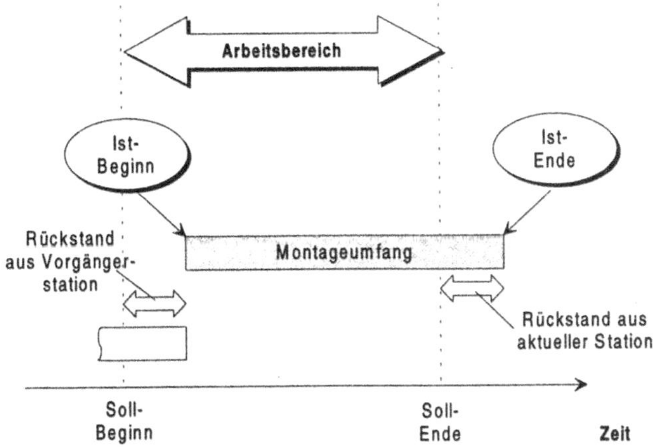

Abb. 5-17: Zeitbestandteile bei nicht parallelem Arbeiten (Fall 1)

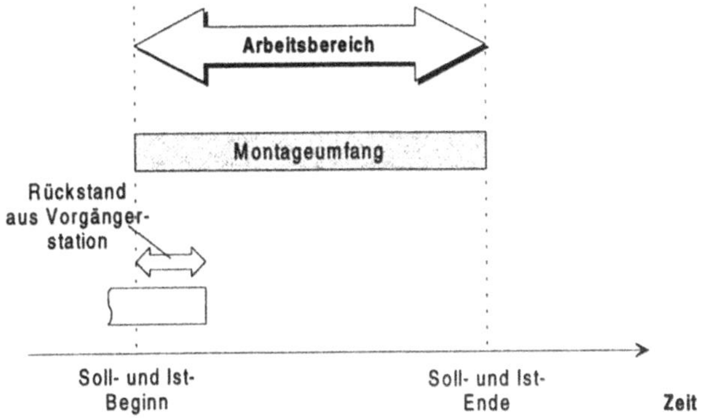

Abb. 5-18: Zeitbestandteile bei parallelem Arbeiten (Fall 2)

Mögliche Gründe für eine Arbeitsgestaltung nach Fall 1 sind:

- technische Restriktionen (z.B. aus dem Vorranggraph abzuleiten)
- mögliche gegenseitige Behinderung bei der Arbeit

- Einsatz eines nicht oder nur begrenzt ortsveränderlichen Betriebsmittels (z.B. einer Hebehilfe)
- Materialanlage.

Im Rahmen der Ablaufgestaltung wird man stets bemüht sein, solche Situationen so weit als möglich zu verhindern.

Simulationsmodell (s.a. Abb. 5-19)

Nachfolgend wird ein Teilabschnitt des Gesamtsystems herausgegriffen, der aus drei Stationen besteht, in denen jeweils eine Arbeitskraft tätig ist. In den einzelnen Stationen werden unterschiedliche Montageaufgaben erfüllt. Die zu montierenden Objekte werden mit einem konstanten Takt in diesen Bandabschnitt eingeschleust.

Um hier einen Modellbaustein zu erstellen, der leicht an neue Situationen angepaßt werden kann, wurden die veränderlichen Eingangsgrößen in verschiedenen Dateien abgelegt. Die Simulation liest zu Beginn die benötigten Informationen aus diesen Files ein. Die Datei PROG.DAT beinhaltet das Montageprogramm mit der Vorgabe der Varianten in einer definierten Reihenfolge.

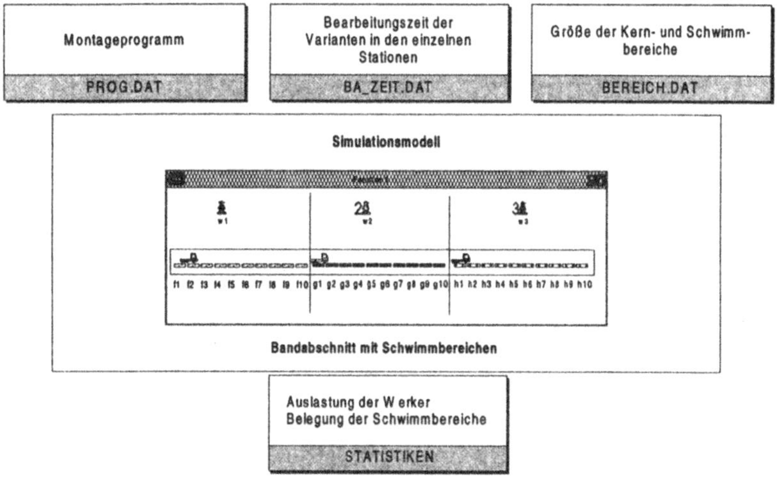

Abb. 5-19: Simulationsmodell

Es können so ohne großen Aufwand verschiedene Tagesprogramme getestet werden. Die Bearbeitungszeiten der Varianten in den einzelnen Stationen liefert die Datei BA_ZEIT.DAT. Umstellungen der Montagereihenfolge oder Veränderungen einzelner Vorgabezeiten (z.B. nach Einsatz einer Vorrichtung) können problemlos erfolgen. Die Größe der Kern- und Schwimmbereiche kann ebenfalls außerhalb der eigentlichen Simulation in der Datei BEREICH.DAT festgelegt werden.

Die Aufenthaltshäufigkeit des Werkers an den verschiedenen Stellen wird über Histogramme dargestellt, Ergebnisse zur Auslastung der Werker liefert das Simulationsprogramm direkt.

Simulationsexperimente

Wie oben angedeutet, können durch den strukturierten Aufbau des Modells sehr einfach verschiedene Experimente mit

- unterschiedlichen Tagesprogrammen
- verschiedenen Montageinhalten
- unterschiedlich großen Schwimmbereichen

durchgeführt werden.

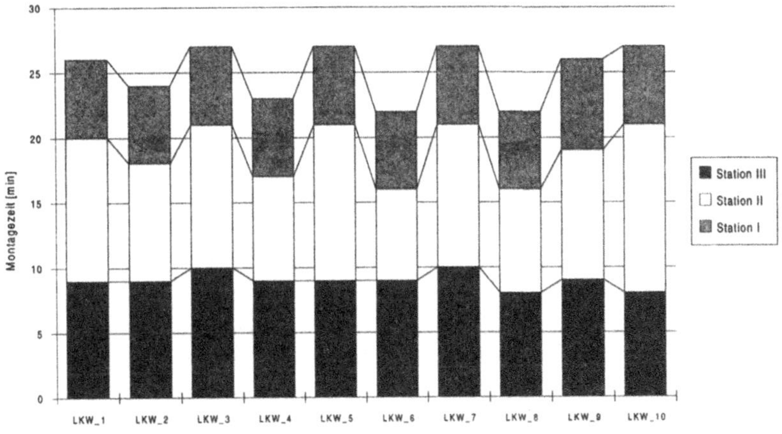

Abb. 5-20: Ausschnitt aus dem simulierten Montageprogramm

Herausgegriffen wird nachfolgend ein Tagesprogramm, das für den Werker 2 stark schwankende Arbeitsinhalte vorsieht und in Abbildung 5-20 ausschnittsweise dargestellt ist. Der Werker kann seinen eigentlichen Stationsbereich verlassen; die Grenzen der zulässigen Schwimmbereiche sind aber relativ eng definiert. Eine Parallelbearbeitung wird nicht zugelassen.

Simulationsergebnisse

Die Aufenthaltsverteilung des Werkers 2 (w2) zeigt Abbildung 5-21.

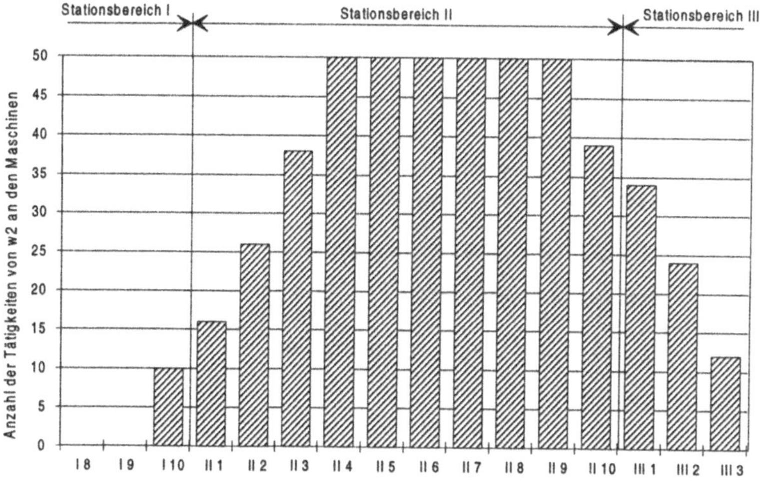

Abb. 5-21: Simulationsergebnis: Aufenthaltsverteilung des Werkers 2

Es zeigt sich eine deutliche Verschiebung des Aufenthaltsorts des Werkers in Richtung der nächsten Station. Aufgrund des schweren Programms hat der Werker kaum Gelegenheit, sich in Richtung der vorherigen Station zu arbeiten. Dies liegt nicht an Rückständen aus der Vorgängerstation, sondern ausschließlich an den großen, von ihm zu bewältigenden Arbeitsumfängen. Bei einem weiter erschwerten Montageprogramm unter Beibehaltung der anderen Randbedingungen kann der Werker Teile seiner Umfänge nicht mehr im definierten Arbeitsbereich erledigen. Hier muß dann entweder ein Springer eingesetzt werden, was vergleichsweise hohe Kosten verursacht, der Arbeitsbereich vergrößert oder aber das Montageprogramm verändert werden.

Dieses noch relativ überschaubare Problem zeigt bereits den Nutzen des Einsatzes der Ablaufsimulation. Schon im Vorfeld der eigentlichen Produktion können mit den für die Erstellung des Montageprogramms zuständigen Stellen kritische Umfänge und Restriktionen erkannt und behoben bzw. vermieden werden. Es lassen sich darüberhinaus Erkenntnisse für eine wegezeitoptimierte Bereitstellung des Materials gewinnen. Auch die Wegezeitanteile, die nach Schmidt [SCHM 90] zu den Nebenzeiten gerechnet und mit einem Anteil von 19% an der Gesamtarbeitszeit ein erhebliches Einsparungspotential darstellen, lassen sich mit dem oben vorgestellten Simulationsmodell ermitteln und ausweisen.

Nach der Validierung des Modells (Vergleich der Aufenthaltsverteilungen gemäß Simulation mit den realen Verteilungen am Fließband) können mit dem beschriebenen Modell weitere Untersuchungen durchgeführt werden.

Als mögliche Erweiterungen des Modells sind denkbar:

- Erhöhung der Anzahl der betrachteten Stationen: Eine Darstellung größerer Abschnitte oder u.U. sogar des gesamten Montagebands ist ohne großen Aufwand möglich.
- Untersuchung arbeitsorganisatorischer Maßnahmen: Die Auswirkungen einer Abkehr von der definierten Zuteilung von Arbeitsumfängen an einzelne Mitarbeiter können ermittelt werden. Auf mögliche Formen der Gruppenarbeit am Fließband wird im nächsten Kapitel noch näher eingegangen. Eine Erweiterung der Stationen oder der Anzahl der betroffenen Mitarbeiter ist hierzu aber zu empfehlen.
- Berücksichtigung der Qualifikation der Mitarbeiter: Auch wenn beim vorgestellten Beispiel die Qualifikation der Mitarbeiter nicht berücksichtigt wurde, so ist eine Erweiterung des Modells um diese mitentscheidende Personalplanungskomponente problemlos möglich. Den Werkern werden in Form von Attributen bestimmte Fähigkeitsprofile zugeordnet (s.a. Personalplanungsbeispiel in Kap. 6.3), die bei Anforderung im Modell zunächst abgefragt werden. Es ergeben sich hier vielfältigste Auswertungsmöglichkeiten je nach definiertem Simulationsziel (z.B.

Vergleich der Häufigkeit real abverlangter Fähigkeiten mit dem vorhandenen Potential oder Aufdecken von Qualifikationslücken).

5.2.6 Fazit

Bei der Montage komplexer und variantenreicher Produkte mit dem hohen Anteil manueller Tätigkeiten spielt die Berücksichtigung des Faktors Personal bei der Systemgestaltung eine entscheidende Rolle.

Eine adäquate Gestaltung der Arbeitsinhalte ist Grundvoraussetzung zur effektiven Nutzung der Personalressourcen.

Die Einführung flexibler Arbeitszeitmodelle wird sowohl von Unternehmens- als auch von Mitarbeiterseite her forciert, wobei hier durchaus unterschiedliche Ziele verfolgt werden und auch strukturell entsprechende Voraussetzungen geschaffen werden müssen.

Auf dem Gebiet der Personalplanung sind angesichts der mehrfach angesprochenen Bedeutung der Einfluß- und Gestaltungsgröße Personal noch erhebliche Defizite festzustellen. In der Regel wird der Aspekt der Qualifikation der Mitarbeiter nicht berücksichtigt. Dies kann aber bei der Vielzahl der möglichen Ursachen für Schwankungen in der Personalverfügbarkeit in Kombination mit stark streuenden Anforderungsniveaus an den zu besetzenden Arbeitsplätzen leicht zu Problemen führen.

Die Einführung von Gruppenarbeit stellt hier wie bei der Frage nach der Reduzierung des Planungs- und Steuerungsaufwands bei flexiblen Arbeitszeitmodellen einen geeigneten Lösungsansatz dar und ist damit in sehr enger Verbindung zur Betrachtung des Faktors Personal zu sehen.

Anhand eines Beispiels aus der Nutzfahrzeugindustrie zur Ermittlung des Aufenthaltsorts eines Mitarbeiters am Endmontageband in Abhängigkeit vom Montageprogramm konnte gezeigt werden, daß die Ablaufsimulation auch zur Untersuchung personalorientierter Zusammenhänge geeignet ist.

5.3 Arbeitsorganisationsform Gruppenarbeit

5.3.1 Vorbemerkungen und Abgrenzung

In Kapitel 5.2 wurde die Rolle des Mitarbeiters als Schlüsselfaktor für wettbewerbsfähige Strukturen dargestellt. Damit die Fähigkeiten des Mitarbeiters auch voll ausgeschöpft werden können, sind auf organisatorischer Ebene entsprechende Vorkehrungen zu treffen und dem Werker v.a. auch die nötigen Freiräume zu gewähren.

Auf Produktionsebene geschieht dies in immer stärkerem Umfang durch die Einführung von Gruppenarbeit.

Ein sehr ausführlicher historischer Rückblick über bisherige Erfahrungen mit Gruppenarbeit ist bei Niefer [NIEF 93] zu finden. Hier sollen nur einige Meilensteine herausgegriffen werden.

Schon Anfang der 70er Jahre führte Volvo in seinem 1974 in Kalmar gegründeten PKW-Werk Experimente mit sog. "teilautonomen Arbeitsgruppen" durch. Die Arbeit am traditionellen Fließband wurde durch Gruppenarbeit an autonomen Montageplätzen abgelöst. Die Gründe für diese damals neuen Überlegungen waren zum einen gesellschaftlich bedingt (das hohe Bildungsniveau und der Wohlstand in Schweden und Norwegen machten die Arbeitsplätze am Fließband unattraktiv), zum anderen ökonomischer Natur (durch Qualitätsmängel und hohe Abwesenheits- und Fluktuationsraten). Ziele der Einführung dieses neuartigen Arbeitsprinzips waren der Abbau von Monotonie und einseitigen Belastungen am Arbeitsplatz sowie eine höhere Selbstbestimmung der Mitarbeiter. Der Schwerpunkt dieser stark mitarbeiterorientierten Gruppenarbeit, die im Werk Uddevalla noch deutlich konsequenter eingeführt wurde, lag eindeutig auf der Erhöhung der Personalverfügbarkeit.

Auch in der Bundesrepublik Deutschland wurde 1974 im Rahmen des Regierungsprogramms "Humanisierung der Arbeit" die Idee der Gruppenarbeit untersucht und diskutiert. Der ökonomische Aspekt wurde aber zu Gunsten der ergonomischen Komponente stark in den Hintergrund gestellt. Nach Abschluß der Forschungsphase und wenigen Pilotprojekten wurde dieses Programm unter starkem wirtschaftlichen Druck als unrentabel abgelehnt [NIEF 93, GRÜN 93].

Daß heute das Thema Gruppenarbeit wieder von neuem diskutiert wird, liegt daran, daß jetzt die ökonomischen Aspekte im Vordergrund stehen. Die wirtschaftliche Konkurrenzsituation ist dabei die treibende Kraft. Die europäischen und amerikanischen Automobilhersteller wollen durch die Übernahme der japanischen Erfolgskonzepte der "lean production", bei denen Gruppenarbeit die dominierende Arbeitsorganisationsform darstellt, konkurrenzfähig bleiben [WOMA 91]. Die Hauptziele sind Kosteneinsparungen durch Steigerung von Produktivität und Prozeßsicherheit, Einsparungen bei Material und Personal, sowie eine Durchlaufzeitminimierung bei gleichzeitig verbesserter Qualität. Die Verbesserung der Arbeitsbedingungen wird als gleichrangiges Ziel angesehen [NIEF 93].

Zur Abgrenzung der Gruppenarbeit von anderen Formen der Zusammenarbeit wird zunächst die Definition nach REFA herangezogen [REFA 85].

Bei Gruppenarbeit wird die Arbeitsaufgabe eines Arbeitssystems ganz oder teilweise durch mehrere Mitarbeiter erfüllt. Folglich bildet die Gruppe eine funktionale Einheit, in der die Gruppenmitglieder auf Dauer zusammenarbeiten. Den Mitarbeitern wird die Erstellung eines kompletten Produkts bzw. Teilprodukts übertragen, wobei neben den reinen Ausführungstätigkeiten auch Organisations-, Planungs- und Kontrollaufgaben zum Arbeitsfeld gehören.

Bei der Teamarbeit (z.B. Projektgruppen, Qualitätszirkel) handelt es sich hingegen um zeitlich begrenzt gültige Arbeitsformen, die keine dauerhaften Veränderungen der Arbeitsstrukturen und Organisationsformen nach sich ziehen. Innerhalb des Teams behalten die Mitglieder ihr Spezialistentum bei, eine Angleichung der Qualifikation ist bestenfalls als langfristiges Ziel definiert [JÜRG 89, ANTO 90, NIEF 93].

Nachfolgend sollen zunächst einige entscheidende Nuancen der Gruppenarbeit erläutert und die Realisierungsmöglichkeiten bei verschiedenen Betriebsorganisationsformen aufgezeigt werden. Ein Schwerpunkt wird dabei auf Gestaltungsmöglichkeiten und Auswirkungen von Gruppenarbeit am Fließband gelegt. Zur Unterstützung werden abschließend im Rahmen eines Anwendungsbeispiels die Konsequenzen der Einführung von Gruppenarbeit dargestellt.

5.3.2 Merkmale von Gruppenarbeit

Wie bereits in Kapitel 5.2 dargestellt, ist die Abkehr von den tayloristisch geprägten Strukturen sowohl seitens der Unternehmen als auch der Mitarbeiter ein Muß. Wesentliche **Ziele** bei Einführung von Gruppenarbeit aus Sicht der Mitarbeiter sind:

- Abbau monotoner Tätigkeiten und der Gesundheitsbelastung,
- verbesserte Arbeitszufriedenheit,
- Selbstverwirklichung und Anerkennung,
- Chancen zur Höherqualifizierung,
- bessere Kommunikationsmöglichkeiten,
- Verantwortung und Mitbestimmung und
- höheres Einkommen (entsprechend der Qualifikation).

Unternehmerische Interessen konzentrieren sich in erster Linie auf:

- höhere Flexibilität,
- geringere Abwesenheit der Arbeitskräfte,
- höhere Motivation und Leistungsbereitschaft,
- Steigerung der Produktivität,
- und bessere Qualität

[u.a. ROHM 76, STUR 92].

Die Gruppenarbeit ermöglicht dem einzelnen Mitarbeiter eine quantitative Ausdehnung des individuellen Arbeitsbereichs (Einzelarbeitsplatz) durch die Hinzunahme gleichartiger oder ähnlicher Arbeitsinhalte aus dem Aufgabengebiet der Gruppe (Job-Enlargement), so daß einseitige und monotone Arbeitsbelastungen vermieden werden können. Die Rückverlagerung von dispositiven, planerischen und kontrollierenden Tätigkeiten in den Aufgabenbereich der Gruppe führt zu einer qualitativen Erweiterung des Arbeitsinhaltes (Job-Enrichment). Mit der Möglichkeit zum Arbeitsplatzwechsel innerhalb der Gruppe (Job-Rotation) können sich die Gruppenmitglieder fachlich höher qualifizieren, und das Verständnis für betriebliche Zusammenhänge wird verbessert. Vor allem kann innerhalb der Gruppe ein Kapazitätsausgleich stattfinden, so daß die Belastung der Mitarbeiter an den einzelnen Arbeitsplätzen gleichmäßiger auf alle Gruppenmitglieder verteilt wird. Durch die Arbeitsplatzwechsel wird ein Kapazitätsspielraum geschaffen, mit dem auf Schwankungen (z.B. infolge von Produktvarianten) oder Störgrößen (z.B. Urlaub, Krankheit) flexibel reagiert werden kann. Eine Entkoppelung von Arbeits- und Betriebszeit, wie sie in Kapitel 5.2.3 gefordert wurde, wird so ermöglicht [NIEF 93]. Die Gruppe kann die Kapazitätsschwankungen innerhalb ihres Tätigkeitsbereiches ohne ein aufwendiges Kontroll- und Steuerungssystem ausgleichen. Die abwechslungsreiche Arbeit in der Gruppe erhöht die Attraktivität der Tätigkeiten und führt durch die Verringerung der einseitigen Belastungen zu sinkenden Abwesenheitsraten. Die steigende Belastung kognitiver und sozialer Art durch das größere Informationsvolumen und die höhere Verantwortung wird durch die erhebliche körperliche Belastungsreduzierung in der Regel deutlich überkompensiert. Sie muß aber gerade bei der Auswahl und Qualifikation von Mitarbeitern in Betracht gezogen werden.

Mit der Einführung von Gruppenarbeit und deren Arbeitsformen steigen die Anforderungen an die Mitarbeiter hinsichtlich der **Qualifikationen**. Dies betrifft sowohl die Seite der fachlichen Qualifikationen als auch die Seite der Schlüsselqualifikationen, wie z.B. Kommunikationsfähigkeit, vorausschauendes planerisches Denken und Problemlösungsfähigkeit, die für die Arbeit in Gruppen unerläßlich sind. Aus diesem Grund sind alle beteiligten Personen (Meister, Gruppensprecher, Gruppenmitglieder) vor dem Start der Gruppenarbeit auf die neue Form der Arbeitsorganisation vorzubereiten.

Bei der Gruppenarbeit muß die Leistung in Bezug auf den sehr kontrovers diskutierten Aspekt **Entlohnung** anders als in konventionellen Lohnsystemen bewertet werden. Eine mögliche Form der Entlohnung stellt das **lernorientierte Lohnsystem** ("pay for knowledge") dar, das von der tätigkeitsbezogenen Bezahlung abrückt und jedes Gruppenmitglied nach den Fähigkeiten, die es der

Gruppe zur Verfügung stellt, einstuft und entlohnt. Eine anforderungs- und leistungsgerechte Entlohnung nach der Anzahl der beherrschten Tätigkeiten sowie der erbrachten Leistungen ist z.B. mit einer Kombination aus dem lernorientierten Lohnsystem mit einem **Prämienlohnsystem** möglich. Hierbei wird zusätzlich zu einem Grundlohn, der sich nach der individuellen Qualifikation der Gruppenmitglieder richtet, die kollektive Leistung der Gruppe mit einem Lohnzuschlag honoriert. Da die Mitarbeiter mit der Einführung der gruppenorientierten Arbeitsstrukturen die direkte individuelle Einflußmöglichkeit auf die Festlegung der Arbeitsmenge und damit auch auf die Entlohnung, wie sie bei der Einzelarbeit unter Akkordbedingungen besteht, verlieren, ist dem geeigneten Entlohnungssystem ein hoher Stellenwert zuzuschreiben. Die Lohnform als Motivationsquelle darf nicht aufgegeben werden [AWF 90, BUEH 93].

Auf betrieblicher Ebene ändert sich v.a. die **Rolle des Meisters**, der nicht mehr für die Zuweisung und Kontrolle von Tätigkeiten zuständig ist. Er kann sich stärker Planungs- und Koordinationsaufgaben widmen und die Voraussetzungen für eine selbstständige Erledigung der Arbeit durch die Gruppen schaffen. Die klassische Hierarchie kann "abgespeckt" werden.

Der **Gruppensprecher** fungiert bei Problemen als Ansprechpartner für den Meister und andere Gruppen im Betrieb. **Gruppengespräche** dienen der Auswertung, Planung und Koordination der gemeinsamen Aufgaben, wobei Fragen der Arbeitseinteilung, der Arbeitsabwicklung und der Arbeitsbedingungen sowie vor allem Verbesserungsvorschläge besprochen werden können.

Die **Anzahl der Mitarbeiter je Gruppe** richtet sich nach arbeitswissenschaftlichen und betrieblichen Vorgaben. Üblicherweise wird ein Rahmen von drei bis zehn Mitarbeitern genannt. Nach Neubert und Tomczyk [NEUB 86, S. 107/108] müssen Gruppen "groß genug sein, um über einen hinreichenden Fundus aufgabenrelevanter Quellen zu verfügen, und klein genug, um die organisatorischen und motivationalen Probleme zu vermeiden, die für hohe Prozeßverluste verantwortlich sind." Eine Erhöhung der Mitgliederanzahl hat sowohl positive als auch negative Auswirkungen. Der höheren potentiellen Produktivität durch die größere Informationsmenge steht die erschwerte Koordination der Informationen und Aktivitäten durch Prozeßverluste entgegen (s.a. Abb. 5-22). Unter den Prozeßverlusten werden dabei Leistungseinbußen verstanden, die durch organisatorische Abstimmungsschwierigkeiten, Abnahme der aktiven Mitarbeit am Gruppengeschehen und niedrigere Motivation infolge mangelnden Überblicks über das Gesamtgeschehen entstehen [HACK 86].

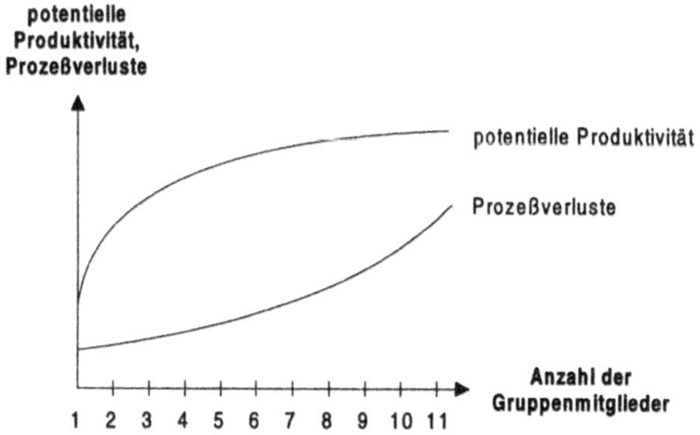

Abb. 5-22: Abhängigkeit der potentiellen Produktivität und der Prozeßverluste von der Gruppengröße nach [HACK 86]

Es konnte gezeigt werden, daß Aufgaben, die ein hohes Maß an Kooperation und Komplementäraktivitäten verlangen, tendentiell in kleineren Gruppen besser gelöst werden. In größeren Gruppen wurden hingegen bei Aufgaben additiver Natur (z.B. unkomplizierte Montage zahlreicher Kleinteile) höhere Leistungswerte erzielt [GUEN 93].

Aus Sicht der Arbeitswissenschaft wird die hohe Komplexität des Systems "Gruppe" deutlich, wenn man den systemanalytischen Rahmen zum Gruppenverhalten betrachtet (s.a. Abb. 5-23).

Das System gliedert sich dabei in Input-, Prozeß- und Outputvariable. Inputvariable sind Individuen und Umwelteinflüsse. Die externen Faktoren der Organisationsumwelt beeinflussen sowohl die Zusammensetzung und Ausrichtung der Gruppe als auch deren Interaktion. Aus dem Zusammenspiel der Mitglieder ergeben sich Beziehungsgefüge (Strukturen), bestimmte Gesetze und Normen und daraus bestimmte Verhaltensmuster. Auch der Attraktivitätsgrad der Gruppe (Kohäsion) ist ein Resultat der Interaktion und hat Einfluß auf die Gruppenstruktur und umgekehrt. Diese Faktoren bestimmen neben den Inputvariablen wieder die Interaktion. Sie haben außerdem Einfluß auf den Output des Systems. Die resultierende Gruppeneffektivität wiederum wirkt sich durch Rückkoppelung auf die Organisationsumwelt (Input) aus.

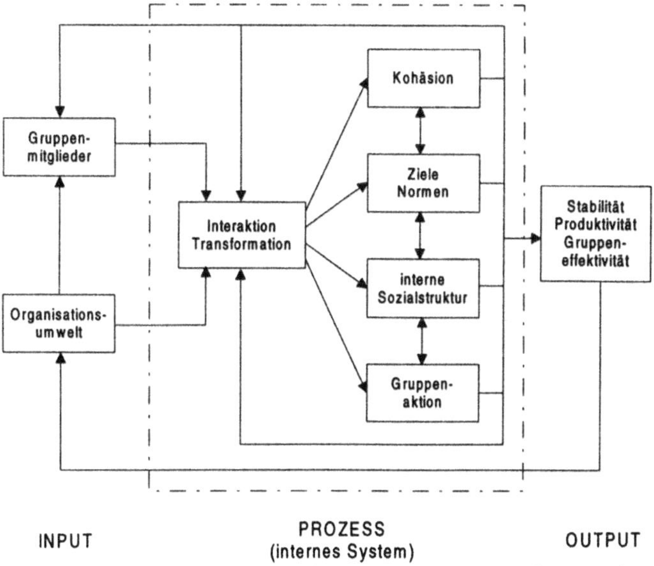

Abb. 5-23: Systemanalytischer Rahmen zur Gruppenarbeit nach [GUEN 93]

Entscheidende Größe ist dabei die Gruppenkohäsion. Wenn sie zusammen mit einer ausgeprägten Zielvorstellung (Ziel einer hohen Leistungsabgabe) in einem hohen Maß vorhanden ist, ist auch die Produktivität bzw. Leistung der Gruppe hoch. Eine hohe Kohäsion zeigt sich auch deutlich in niedrigen Abwesenheits- und Fluktuationsraten [MTM 90, GUEN 93].

Arbeitsgruppen können folgendermaßen eingeordnet werden: Sie sind in jedem Fall aufgabenorientiert (im Gegensatz zu interessenorientiert), da sie zum Ziel haben, gemeinsam eine vorgegebene Aufgabe zu erfüllen. Mit dem Ziel einer möglichst geringen Fluktuation werden geschlossene (andere Variante: offene) Gruppen angestrebt. Der Zwang bei der Bildung der Gruppe fällt umso geringer aus, je höher der Autonomiegrad der Gruppe angesiedelt ist.

5.3.3 Geeignete Betriebsorganisationsformen

Beim **Verrichtungsprinzip** mit der Baustellen- und Gruppenmontage (mehrere Arbeitskräfte) ist die Zusammenfassung der Mitarbeiter zu einer Gruppe bzw. der Arbeitsplatzwechsel bei der Gruppenmontage bereits gegeben. Durch die hohen Arbeitsinhalte ohne definierte Arbeitsteilung wird bei der Baustellenmontage eine Arbeitserweiterung erreicht. Mit der Integration z.B. von Kontrolltätigkeiten oder der Nacharbeit in das Aufgabengebiet der Gruppe bei gleichzeitigem Arbeitsplatzwechsel ist hier auch eine Arbeitsbereicherung möglich, so daß eine gewisse Teilautonomie gewährleistet werden kann. Im Gegensatz zur Baustellenmontage findet bei der Gruppenmontage eine definierte Arbeitsteilung statt. Mit der abschnittsweisen Aufhebung der Arbeitsteilung und der Übernahme von indirekten Tätigkeiten (z.B. Kontrolle oder Disposition) ist die Gruppenmontage dann identisch mit einer Baustellenmontage, bei der die oben dargestellten Kriterien verändert wurden. Die Verwirklichung von Gruppenarbeit bei einer Montageorganisation nach dem Verrichtungsprinzip ist somit möglich. Zum Beispiel können in der Automobilindustrie die Mitarbeiter an Standplätzen in der Endmontage einer Baugruppe Tätigkeiten aus der Vormontage dieser Baugruppe, der Materialdisposition und der Qualitätsprüfung übernehmen. Die Gruppe ist hiermit für die Montage eines kompletten Teilprodukts und für einen großen Teil der damit verbundenen indirekten Aufgaben verantwortlich.

Bei der nach dem **Fließprinzip** organisierten Montage unterscheiden sich die gruppenorientierten Arbeitsstrukturen hinsichtlich der Zusammenfassung von Aufgaben am Fließband (siehe Abbildung 5-24). Demnach ist die Gruppenarbeit am Fließband auch dann möglich, wenn eine Erweiterung der Montagetätigkeiten am Band durch Montagetätigkeiten aus anderen Bereichen, z.B. aus der Vormontage, nicht realisierbar ist. Die Arbeitserweiterung erfolgt in diesem Fall durch die horizontale Ausweitung der Arbeitsinhalte, d. h. die Mitarbeiter der Gruppe übernehmen die Arbeitsinhalte von mehreren aneinandergereihten Arbeitsplätzen am Band. Mit der Übernahme von z.B. dispositiven Tätigkeiten wird auch hier eine Arbeitsbereicherung ermöglicht.

Findet die Ausführung von Montageverrichtungen am Fließband und in einem angegliederten Bereich (z.B. Vormontage) statt, spricht man von einer vertikalen Gruppenstruktur am Band. Hierbei wird nur ein Tätigkeitsbereich am Montageband von den Gruppenmitgliedern bearbeitet, wobei ebenfalls indirekte Aufgaben wie die Materialdisposition in die Gruppe integriert werden können. Das Zusammenfassen der Aufgaben kann jedoch sowohl horizontal als auch vertikal erfolgen (gemischte Gruppenstruktur), so daß neben den Tätigkeiten in einem angegliederten Montagebereich auch am Fließband mehrere Tätigkeiten von der Gruppe ausgeführt werden [SELI 92].

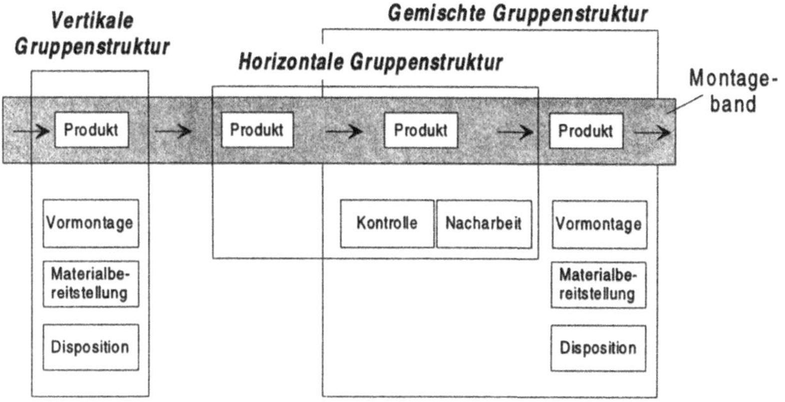

Abb. 5-24: Mögliche Gruppenstrukturen am Fließband nach [SELI 92]

Die Mitarbeiter innerhalb der Gruppe sollen durch selbständige Aufgabenzuordnung entsprechend dem Bedarf Montageverrichtungen und andere in die Gruppe integrierte Aufgaben ausführen. Zusätzlich zu den an der Fließlinie auszuführenden Arbeiten können Vormontageaufgaben und indirekte Aufgaben wie

- Materialbereitstellung (Transport),
- Steuerung und Disposition,
- oder Qualitätssicherung

integriert werden.

In der Montage ist die Umsetzung von neuen Formen der Arbeitsstrukturierung damit weitgehend unabhängig von der Organisationsform. Allerdings bieten einige Organisationsformen, wie z.B. Montageinseln oder die Endmontage am Fließband mit angegliederter Vormontage, günstigere Voraussetzungen besonders hinsichtlich der Autonomie der Gruppe. Mit dem Autonomiegrad steigt auch die Verantwortung der Gruppe für das gefertigte bzw. montierte Produkt, so daß ein hohes Qualitätsniveau und eine gesteigerte Motivation und damit eine höhere Produktivität und Flexibilität in diesem Bereich möglich ist.

5.3.4 Anwendungsbeispiel

Untersucht werden soll eine umfangreiche Vormontage aus einem Nutzfahrzeugwerk und der entsprechende Einbau dieses Teilprodukts an einem Fließband. Der Vormontagebereich besteht aus neun Arbeitsplätzen, die im Ist-Zustand ständig mit sieben Arbeitskräften belegt werden. Bei ungünstigen Montageprogrammen erfolgt bei dem äußerst variantenreichen Produkt eine Unterstützung durch Springer. Die Endmontage der Baugruppe wird von zwei Mitarbeitern ausgeführt. Die Qualität wird von einem nicht in die Wertschöpfung einbezogenen Kontrolleur überwacht. Die Materialversorgung liegt ebenfalls in den Händen einer eigenständigen Abteilung, die auch für den Transport der fertig vormontierten Teile an das Endmontageband zuständig ist. Die hohe Arbeitsteiligkeit mit klar und eng definierten Kompetenzen (auch die kurzfristigen Dispositionsaufgaben bezüglich Reihenfolge und Materialversorgung sind nicht der eigentlichen Produktion zugeordnet) führt dabei zu hohen Verlustzeiten bei teilweise erheblichen Qualitätsmängeln.

Abbildung 5-25 zeigt den zeitlichen Ablauf der Vormontage. Zu Beginn können mehrere Tätigkeiten parallel geschalten werden, während die Komplettierung an den Arbeitsplätzen IV und V vorgenommen wird. Bei den Vorgabezeiten sind infolge der vielen Sonderausstattungen enorme Streuungen zu berücksichtigen. Der kundenspezifische Einfluß macht sich bei etwa der Hälfte der Arbeitsplätze bemerkbar, wobei im Diagramm jeweils die Mittelwerte dargestellt sind.

In Abbildung 5-26 sind alle oben angesprochenen Tätigkeiten nach ihrem Anforderungsniveau sortiert dargestellt. Es zeigt sich v.a. bei den indirekten

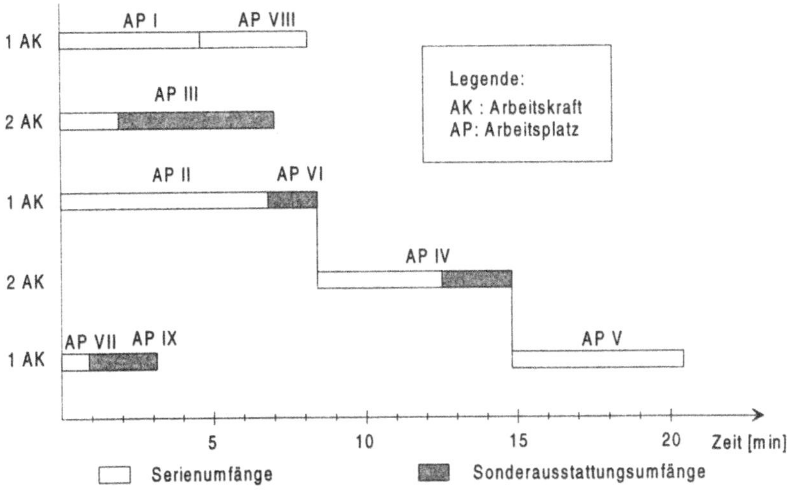

Abb. 5-25: Zeitlicher Ablauf der Vormontage

Tätigkeiten eine deutliche Streuung mit entsprechenden Auswirkungen auf den Qualifikationsbedarf.

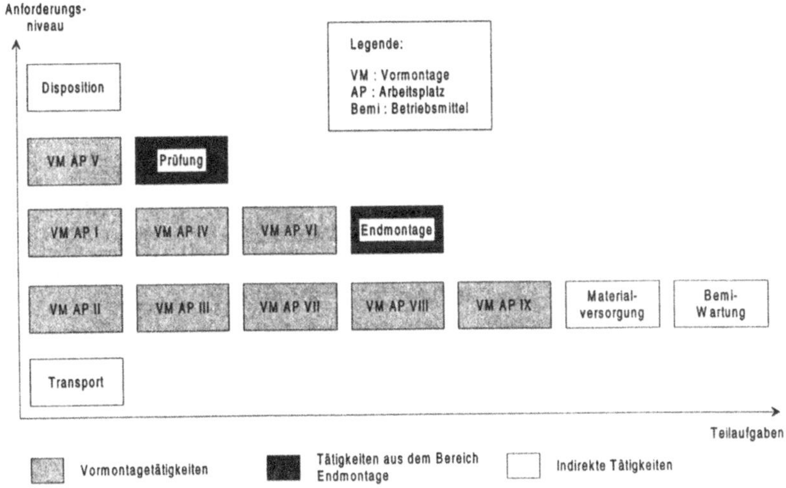

Abb. 5-26: Anforderungsniveau der Einzeltätigkeiten

Im Zuge einer Werksneuplanung sollte dieser Bereich auch hinsichtlich der Arbeitsorganisation neu strukturiert werden, wobei aufgrund anderer räumlicher Voraussetzungen eine bandnahe Anordnung der Vormontage möglich war. Alle oben aufgeführten Tätigkeiten werden jetzt in einer Arbeitsgruppe zusammengefaßt, der man dann auch die Verantwortung für kleinere Wartungs- und Instandhaltungsaufgaben der Betriebsmittel überträgt. Es ergeben sich folgende Konsequenzen, die nach monetär quantifizierbaren und nicht oder nur schwer quantifizierbaren Kriterien getrennt dargestellt werden.

Auf der Lohnseite ist eine Kostensteigerung durch die Übernahme zusätzlicher Arbeiten mit höheren Arbeitswerten zu erwarten, die auch durch die gestiegenen Qualifikationsanforderungen und die verbesserten Möglichkeiten zur Höherqualifizierung verursacht wird. Dem steht aber gerade bei variantenreichen Produkten ein erhebliches Einsparungspotential durch die Reduzierung von Verlustzeiten und von indirekten Kosten gegenüber. Wenn Tätigkeiten wie die kurzfristige Disposition und die Materialversorgung auf die Gruppe übertragen werden, so entfallen hier Schnittstellen, die neben einer Kosten- stets auch eine Fehlerquelle darstellen (vgl. Abb. 5-27 und 5-28). Gerade der Abbau bzw. die produktive Nutzung der Modell-Mix- und Taktverlustzeiten, die in Kapitel 2.6 bereits dargestellt wurden, ist bei Montagen mit Taktzwang ein entscheidender Faktor auf dem Weg der Verbesserung der Wirtschaftlichkeit.

Wie beim Faktor "Lohn" müssen auch bei der Bewertung des Platzbedarfs gegenläufige Tendenzen berücksichtigt werden. Für eine hohe Flexibilität mit der Möglichkeit der kurzfristigen Reihenfolgebestimmung durch die Gruppe muß eine entsprechend große Anzahl von Arbeitsplätzen vorhanden sein. Dies kann wie die Betriebsmittelwartung und -instandhaltung und die Qualitätssicherung zu einem erhöhten Platzbedarf führen. Erhebliches Einsparungspotential ergibt sich hier durch eine optimierte Materialbereitstellung und v.a. eine verbesserte Disposition durch Wegfall von Schnittstellen. Damit mögliche Bestandssenkungen stellen ebenfalls einen erheblichen Kostensenkungsfaktor dar.

Der Wegfall von Schnittstellen macht sich auch bei den Logistikkosten deutlich bemerkbar. Wenn der Gruppe neben den reinen Montagetätigkeiten auch die Ausführung und Verantwortung für die kurzfristige Disposition übertragen werden, können die übergeordneten Steuerungsebenen deutlich entlastet werden.

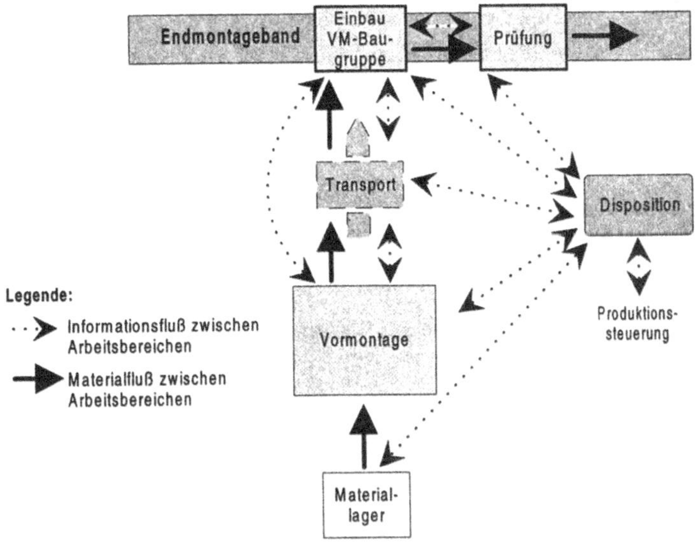

Abb. 5-27: Schnittstellen zwischen den Zuständigkeitsbereichen im Ist-Zustand

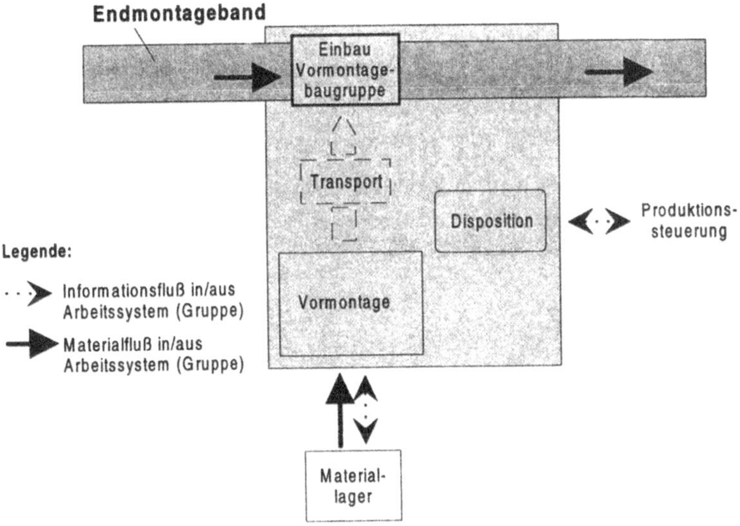

Abb. 5-28: Schnittstellen nach Einführung von Gruppenarbeit

Die kürzeren Regelkreise machen sich sowohl bei den Logistik- als auch bei den Qualitätskosten bemerkbar. Eine Fehlerverfolgung bis an den Ort der Entstehung bzw. Verursachung wird möglich. Damit können dann auch Nacharbeits- und Finishbereiche abgebaut und somit der Flächenbedarf reduziert und Kosten eingespart werden.

Falls die Verantwortung für die Betriebsmittel ebenfalls auf die Gruppe übertragen wird, ist mit Kostenvorteilen durch geringere Ausfallzeiten und eine höhere Lebensdauer zu rechnen.

Betrachtet man einige personenbezogene, monetär nicht oder nur schwer quantifizierbare Kriterien, so lassen sich folgende Konsequenzen durch die Einführung von Gruppenarbeit festhalten:

- durch den verminderten Taktzwang wird die Möglichkeit der individuellen Leistungsentfaltung verbessert,
- eine von der Personalseite geforderte Höherqualifikation ist möglich und auch nötig; die hierdurch entstehenden Kosten dürfen aber nicht außer Acht gelassen werden,
- die größeren Freiräume erweitern den Handlungsspielraum der Mitarbeiter und
- infolge des besseren Systemverständnisses und der größeren Entfaltungsmöglichkeiten steigert sich die Motivation bei gleichzeitig besserem Betriebsklima.

Die höhere Flexibilität und die niedrigere Störanfälligkeit gehören neben der deutlich verbesserten Informationsorganisation zu den sachbezogenen Kriterien.

Auf die Auswirkungen auf den Planungsaufwand wird in Kapitel 6 näher eingegangen.

Diese Ergebnisse entsprechen den Trends, die in anderen Veröffentlichungen beschrieben werden. So führt beispielsweise nach Schmidt [SCHM 90] die Einführung von Gruppenarbeit dazu, daß aufgrund des größeren Arbeitsbereichs die Wegezeitanteile ansteigen. Diese werden jedoch durch die geringeren Verlustzeiten und den kleineren Streubereich des Bandwirkungsgrads (definiert als das Verhältnis von tatsächlich benötigter und durch die Arbeitskraft der Mitarbeiter zur Verfügung gestellten Kapazität) kompensiert. Der effektive Wirkungsgrad ist bei vertikalen Gruppen am höchsten. Hier müssen aber gerade bei großen Gruppen die Wegezeitanteile genau analysiert und ggf. über entsprechende Layoutanpassungen reguliert werden.

Ein vom Fraunhofer-Institut für Arbeitswirtschaft und Organisation (IAO) durchgeführter Vergleich ergab für das System mit Gruppenarbeit, integrierten Puffern und indirekten Tätigkeiten sowie einer Planung im Team unter intensiver Berücksichtigung von Alternativen eine beinahe doppelt so hohe Verfügbarkeit als beim System mit Einzelarbeitsplätzen mit starrer Taktbindung und zentralisierten indirekten Tätigkeiten, das von einer Einzelperson ohne Alternativenbetrachtung geplant wurde [STOL 93].

5.3.5 Fazit

Die in Kapitel 5.2 erarbeiteten und dargestellten Potentiale der Gestaltung eines Montagesystems über die Berücksichtigung des Faktors "Personal" können dann effektiv genutzt werden, wenn eine geeignete Arbeitsorganisationsform realisiert wird. In diesem Abschnitt wurden nach einer Definition und Abgrenzung des Begriffs der Gruppenarbeit wesentliche Merkmale dieses Arbeitsstrukturierungsprinzips dargestellt. Es wurde herausgearbeitet, daß die Einführung in der Montage weitgehend unabhängig von der Betriebsorganisationsform möglich ist, auch wenn bestimmte Ausprägungen (z.B. am Fließband durch eine Kombination Endmontage mit angegliederter Vormontage) günstigere Randbedingungen liefern.

Anhand eines Beispiels wurden systematisch die Auswirkungen der Einführung von Gruppenarbeit auf verschiedene Kriterien (z.B. Lohn, Platzbedarf, Logistikkosten) dargestellt.

In Kapitel 6 werden die Auswirkungen der Betonung der Gestaltungsfaktoren Personal und Organisation erläutert und anhand zweier Beispiele verdeutlicht.

6 Auswirkungen auf die Planung und Planungsbeispiele

6.1 Verschiebung des Planungsschwerpunkts

6.1.1 Berücksichtigung mehrerer Einflußfaktoren

In den Kapiteln 2 und 3 wurde herausgearbeitet, daß die Montageplanung für komplexe und variantenreiche Produkte selbst wieder eine komplexe Aufgabe darstellt. Wie ebenfalls oben ausführlich dargestellt, unterliegt die Montage als komplexes System vielen Einflußfaktoren. Diesen wird aber in Planungen, die von traditionell geprägten und damit stark arbeitsteiligen Strukturen durchgeführt werden, v.a. hinsichtlich ihrer gegenseitigen Einflüsse und Potentiale nur wenig Beachtung geschenkt. Die dadurch oft hervorgerufene Betonung einzelner isolierter Kriterien führt dabei aber nur zu lokalen Maxima und nur in Ausnahmefällen oder durch Zufall auch zum globalen Optimum. Sie läßt sich aber aus dem Streben nach einer Reduzierung des Komplexitätsgrades der Planung erklären.

Bei der Planung ist eine Beschränkung auf einen Gestaltungsfaktor oder eine Einflußgröße nicht zielführend. Mehrere Aspekte müssen berücksichtigt werden, um so das Potential nicht einzuschränken. Es soll keine Aufteilung der Planungsaufgaben an isolierte Abteilungen oder Personen erfolgen, ohne daß zumindest die Wirkzusammenhänge verdeutlicht werden. Hier greift v.a. das Planungshilfsmittel Ablaufsimulation, auf das in Kapitel 6.1.4 nochmals eingegangen wird.

Moderne und angepaßte Planungsstrukturen sind dadurch gekennzeichnet, daß nach der Zielvorgabe eine Orientierung an Prozessen erfolgt. Damit können dann auch die Freiheitsgrade Vormontagen und Personal, die vorne ausführlich diskutiert wurden, genutzt werden. Für eine erfolgreiche Planung ist eine gesamtheitliche Betrachtung des Systems Montage unter Berücksichtigung der Interdependenzen erforderlich. Neben dem in Kapitel 3 vorgestellten Systemmodell, das die Vielzahl der Einflußfaktoren aufzeigt, ist die in Kapitel 4.1 aufgestellte Matrix, die wichtige Hinweise zu den gegenseitigen Einflüssen der Gestaltungsparameter liefert, heranzuziehen.

Abbildung 6-1 weist die Notwendigkeit einer integrierten Betrachtung mehrerer Einflußfaktoren durch den Vergleich der Vorgehensweisen bei "traditionellen" und "modernen" Planungsstrukturen aus.

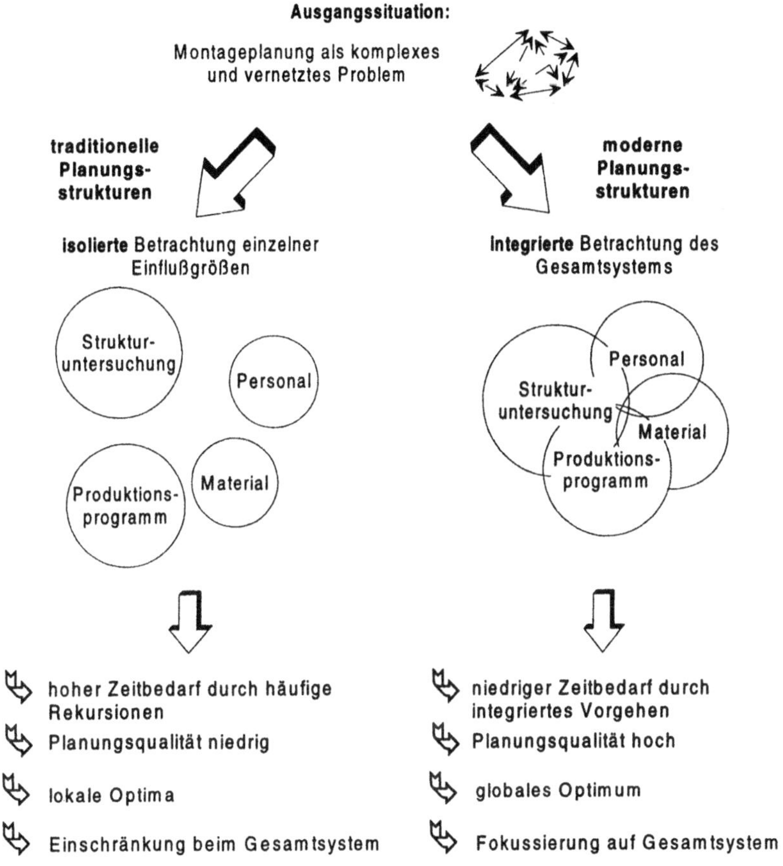

Abb. 6-1: Planungsvorgehen im Vergleich

Eine hohe Planungsqualität bei niedrigem Zeitbedarf ist demnach nur mehr mit einer integrierten Betrachtung des Gesamtsystems zu erzielen.

6.1.2 Betonung von Personal und Organisation

Im Mittelpunkt der Betrachtungen stehen Montagen für komplexe und variantenreiche Produkte mit einem hohen Anteil an manuellen Tätigkeiten und der Aufteilung auf mehrere Subsysteme. Im Vergleich zu rein technischen Ansätzen dominiert - wie in den Kapiteln 5.2 und 5.3 erläutert und in Abbildung 6-2 dargestellt - für die Planung hier die Rolle der Mitarbeiter und der Organisation.

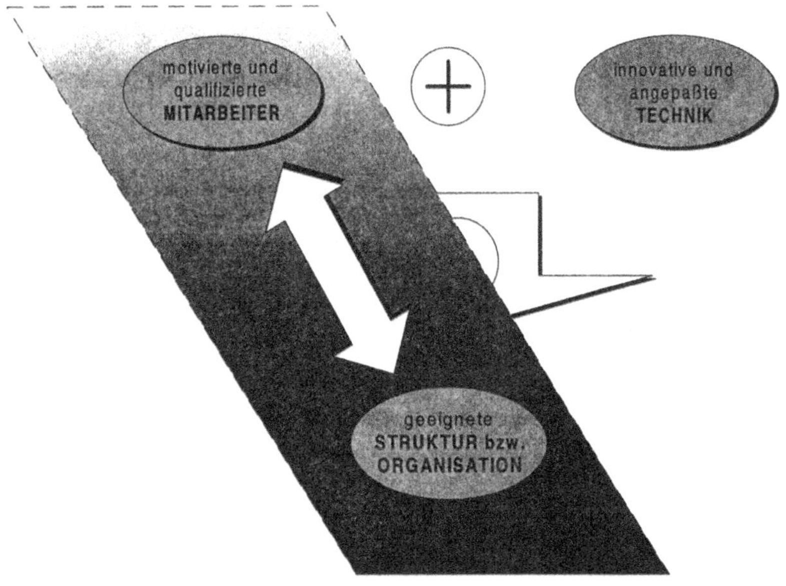

Abb. 6-2: Verschiebung des Betrachtungsschwerpunkts bei komplexen und variantenreichen Montagen

Die Anstrengungen auf dem Gebiet der Technik dürfen damit jedoch nicht vernachlässigt werden. Es gilt vielmehr, sie auch auf den Bereich der nicht unmittelbar zur Wertschöpfung beitragenden Umfänge auszudehnen. Beispielhaft seien hier eine adäquate Informations- und Materialbereitstellung genannt.

Ein Planungsvorgehen, das die Rolle des Mitarbeiters und damit auch die Frage nach einer geeigneten und reaktionsfähigen Organisation in den Mittelpunkt stellt, verfolgt u.a. diese Ziele:

- Vermeidung kurzzyklischer, stark taktgebundener Tätigkeiten
- Vermeidung von Schnittstellen
- Schaffung sinnvoller Arbeitsblöcke und Vermeidung isolierter Einzelarbeitsplätze
- Berücksichtigung des Faktors Information durch die Schaffung von geeignetem Raum für die Visualisierung des Produktionsgeschehens, von Mitarbeiterfähigkeiten und von Verbesserungsvorschlägen
- Einräumen von Raum, Zeit und ggf. eines Budgets für kontinuierliche Verbesserungen.

In der Montage stellt die Gruppenarbeit eine Organisationsform dar, die den oben aufgeführten Zielen gerecht wird. Falls sie als neue Arbeitsorganisationsform eingeführt werden soll, müssen entsprechende Freiräume geschaffen werden. Vormontagen sollen zur Schaffung kleiner Regelkreise dann idealerweise an die Endmontage angegliedert werden. Die Materialversorgung wird über dezentrale Strukturen verwirklicht, wobei der Mitarbeiter vor Ort für den Nachschub verantwortlich zeichnet. Eine Entlastung übergeordneter Steuerungsebenen wird so ermöglicht. Auf Personalseite muß die neue Rolle des Mitarbeiters akzeptiert und dann das vorhandene Potential (v.a. hinsichtlich der vorhandenen Qualifikation) auch ausgenutzt werden. Im späteren Betrieb machen sich die positiven Folgen auch bei kleineren Änderungen und v.a. auch für die Definition und das Betreiben von Schnittstellen bemerkbar.

6.1.3 Folgen für die Festlegung der Planungsschwerpunkte

An der Aufteilung des Gesamtplanungsprozesses in verschiedene Planungsphasen wird als wesentlicher Schritt zur Reduzierung der Komplexität festgehalten. Falls jedoch - wie oben gefordert - das Personal und die Organisation in den Mittelpunkt gestellt werden, kommt es zu einer deutlichen Verschiebung der Planungsschwerpunkte und -aufwände. Der Gewährung von Freiräumen für die Gruppen und damit auch für die Mitarbeiter in der Montage kommt eine essentielle Bedeutung zu.

Ein Weg, der stark auf die personalbezogene Richtung abzielt und so der in Abbildung 6-2 dargestellten Verschiebung des Betrachtungsschwerpunkts gerecht wird, sieht vor, daß Aufgaben integriert werden. Es darf nicht zu einer Festigung von vielen Schnittstellen kommen. Wird aber - wie beim konventionellen Planungsvorgehen üblich - die Detailplanungsphase komplett durchlaufen, so müssen dort auch zwangsläufig viele Aufgabengebiete bearbeitet und definiert werden, die später dafür sorgen, daß die Einfluß- und Gestaltungsmöglichkeiten für die Mitarbeiter vor Ort nur noch gering sind (Bsp: Definition von Materialbereitstellorten oder Arbeitsplatzlayouts).

Die Forderung nach einer Schaffung von Freiräumen für die Mitarbeiter bedeutet für die Planung, daß ab einer bestimmten Detaillierungsstufe die Aufgaben für eine endgültige Festlegung bestimmter Freiheitsgrade auf die Werkstattebene verlagert werden. Die Planungsabteilung ist dabei für die Definition der Randbedingungen und für eine sinnvolle Einbettung in das Gesamtsystem verantwortlich.

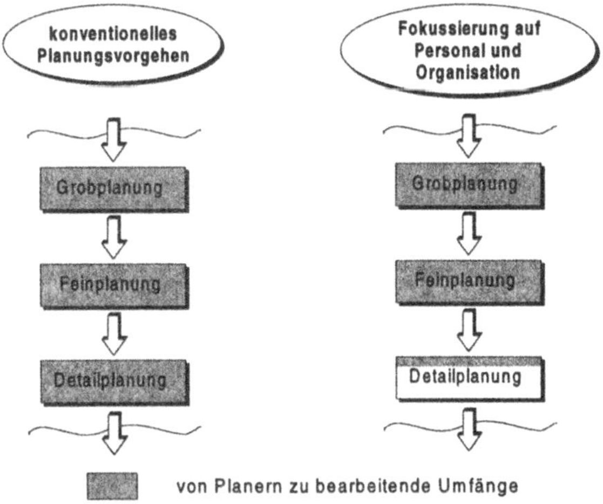

Abb. 6-3: Verschiebung der Planungsschwerpunkte

Das Planungsgeschehen und der -aufwand verlagert sich demnach weg von der Detailplanungsphase (Einplanung des Produktionsprogramms, Arbeitsplatzfeingestaltung, Layoutfeinplanung...) eher hin zu strukturellen Überlegungen (s.a. Abb. 6-3).

Wirkliche Rationalisierungserfolge sind hier nur zu erzielen, wenn eine systematische Vorgehensweise unter Berücksichtigung der wesentlichen Gestaltungsfaktoren angewandt wird. Der Stärkung der konzeptionellen Phase gilt hierbei ein Hauptaugenmerk. In diesem Planungsabschnitt wird der im Vergleich zum konventionellen Vorgehen gegebenenfalls höhere Aufwand bewußt in Kauf genommen, da er sich über eine schnellere Amortisation (siehe auch Abbildung 2-17) im weiteren Produktlebenszyklus rechnet.

6.1.4 Sinnvoller Einsatz der Ablaufsimulation

Eine integrierte Planung verlangt nach Hilfsmitteln, die eine Berücksichtigung der gegenseitigen Beeinflussung der Gestaltungsfaktoren ermöglichen. Die Ablaufsimulation kann eine geeignete Klammer über die Gesamtplanung bilden, wenn ihr Einsatz strukturiert vorgenommen wird. Sobald an der Aufgabe mehrere Personen beteiligt sind, gewinnt dieser Punkt erheblich an Bedeutung. Mit Hilfe des Planungshilfsmittels Ablaufsimulation können sowohl die Auswirkungen punktueller Veränderungen als auch kombinierter Maßnahmenpakete analysiert werden (vgl. auch Kapitel 4). Falls mehrere Faktoren gleichzeitig verändert werden sollen, muß bei der Auswertung sehr sorgfältig vorgegangen werden. Ein gutes Systemverständnis in Kombination mit Erkenntnissen aus Einzeluntersuchungen ermöglicht die Beurteilung der Wirksamkeit verschiedener Planungsmaßnahmen. Die Planungssicherheit kann damit deutlich erhöht werden.

Damit die Ablaufsimulation als effektives Planungshilfsmittel greift, sollten folgende Ansätze beachtet werden:

Das Modell ist so zu gestalten, daß die variablen Größen möglichst von außen über definierte Schnittstellen eingelesen werden können, ohne daß das eigentliche Kernmodell ständig modifiziert werden muß. Dies ist v.a. hinsichtlich des erforderlichen Simulations- bzw. Datenverarbeitungs-Know-Hows des

Planungspersonals wichtig. Der Aufwand für die eigentliche Modellerstellung ist damit im Vergleich zu absoluten Standardvorgehen etwas höher. Dieser Mehraufwand bleibt jedoch in vertretbaren Grenzen, wenn das o.a. Ziel schon bei der Konzeption des Planungsmodells berücksichtigt wird. Der hier vorgestellte Ansatz soll keineswegs die Aufgabentrennung Planer - Simulationsexperte festigen. Es geht hier in erster Linie um eine aufwandsoptimierte Nutzung des Planungshilfsmittels. Eine enge Zusammenarbeit mit dem Simulationsfachmann ist gerade bei der Erstellung des Kernmodells erforderlich. Der Auswertungsaufwand kann über eine unmittelbare Koppelung der Ausgabe der Simulationsergebnisse z.B. mit einem Tabellenkalkulationsprogramm deutlich reduziert werden.

Zum anderen sollte es nur ein gemeinsames Modell für alle Planungsuntersuchungen geben. In den verschiedenen Planungsphasen findet dieses Modell in unterschiedlichen Detaillierungsstufen Verwendung. Die Vorteile einer gemeinsamen Daten- und Simulationsbasis liegen auf der Hand:

- es besteht keine Gefahr der Dateninkonsistenz
- es ist keine mehrfache Generierung von Grunddaten erforderlich
- es ergibt sich keine Schnittstellenproblematik mit der Gefahr von Fehlern bei der Übertragung einzelner Funktionen.

Isolierte Betrachtungen einzelner Fragestellungen bleiben von der oben beschriebenen Vorgehensweise unberührt. Auf ein sauberes Freischneiden des Systems ist dabei zu achten. Es muß aber in diesem Zusammenhang auf mögliche Fehlinterpretationen der Wirksamkeit punktueller Maßnahmen hingewiesen werden, da im Gesamtsystem oft kontraproduktive Effekte entstehen.

6.2 Strukturplanungsbeispiel

Anhand des nachfolgenden Beispiels soll eine systematische Lösungsfindung für ein Montagesystem unter Berücksichtigung verschiedener Einflußfaktoren dargestellt werden.

Im Rahmen einer Werksneustrukturierung war eine Montage für komplexe und variantenreiche Produkte zu planen. Da das gleiche Produktspektrum auch auf einer bestehenden, kontinuierlich laufenden Linie montiert wird, standen umfangreiche Grunddaten (z.B. Mengengerüst: 180 Einheiten pro Tag im Zweischichtbetrieb, Materialaufkommen: durchschnittliche Reichweite von einer Schicht, Arbeitspläne mit Mitarbeiterzahlen, Abtaktung und Stationszuteilung) zur Verfügung. Ausschlaggebende Punkte für die Neustrukturierung waren die ergonomisch äußerst unbefriedigenden Randbedingungen, die angespannte Platzsituation sowie die extreme Zergliederung in Zuständigkeitsbereiche mit einer hohen Anzahl von Schnittstellen und folglich auch einer erheblichen Fehlerquote. Nicht zuletzt spielten hier auch die niedrige Mitarbeitermotivation und die hohe Fluktuation eine wesentliche Rolle.

Für den weiter betrachteten Montageabschnitt gilt der in Abbildung 6-4 dargestellte Vorranggraph.

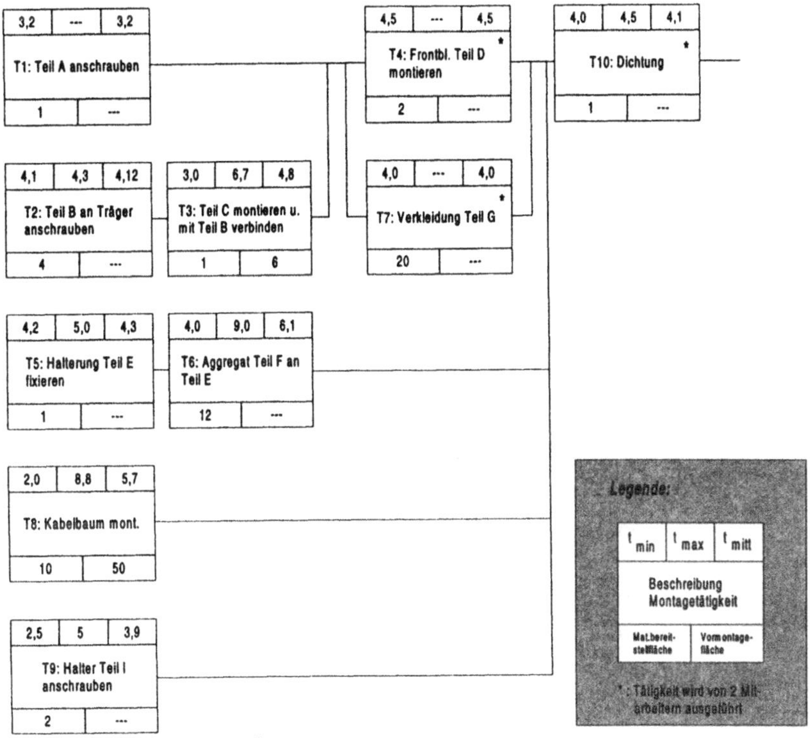

Abb. 6-4: Vorranggraph

Neben den reinen Reihenfolgebeziehungen sind als Zusatzinformationen die Zeitspreizung (minimale, maximale und durchschnittliche Bearbeitungszeit), die Mitarbeiterzahl (falls mehr als eine Arbeitskraft benötigt wird), die Materialbereitstellfläche sowie - soweit vorhanden - die Vormontagefläche ersichtlich. In dieser Form dient der Vorranggraph als Datenbasis für alle an der Planung beteiligten Personen.

Die Tätigkeiten 3, 6, 8 und 9 zeichnen sich durch eine hohe Zeitspreizung aus, bei 6, 7 und 8 sind große Materialbereitstellflächen vorzusehen und bei 3 und 8 ist eine Vormontage zu berücksichtigen.

Wesentliche planungsrelevante Randbedingungen und Vorgaben bzw. Ziele waren u.a.:

- keine Möglichkeit zu konstruktiven Änderungen am Produkt (damit entfällt der Parameter Produkt bzw. Produktgestaltung als Einflußgröße; in der gewachsenen und in vielen Punkten nicht montagefreundlichen Produktstruktur liegt jedoch erhebliches Rationalisierungspotential verborgen)
- weitgehende Übernahme bewährter Montagetechnologien und Betriebsmittel
- möglichst flächendeckende Einführung von Gruppenarbeit als Zielvorgabe zur deutlichen Reduzierung der Schnittstellenzahl; da bestehende Organisationsgrenzen nicht als Fixpunkt definiert sind, ergibt sich hier ein großer Gestaltungsfreiraum.

Zudem sollte die Hauptfehlerquelle der heutigen Montage bei der Kabelbaummontage (Tätigkeit T8 mit der zugehörigen Vormontage) beseitigt werden. Im Ist-Zustand bereitet die Montage dieser komplexen Baugruppe mit extrem hoher Variantenzahl durch die Abwicklung in zwei getrennten Bereichen mit verschiedenen Zuständigkeiten große Schwierigkeiten. Diese äußern sich in hohen Nacharbeitsaufwendungen, die zumindest teilweise in der fehlenden bzw. mangelnden Abstimmung zwischen Vor- und Endmontage begründet sind.

Aufgrund der oben beschriebenen Ausgangssituation standen hier folgende Kriterien im Mittelpunkt der Planung:

- Personal und Organisationsform,
- Zeitspreizung der Varianten,
- Vormontageanordnung,
- Steuerung und Logistik und die
- Materialversorgung.

Die Berücksichtigung der Mitarbeiterfähigkeiten bzw. -qualifikationen wird an dieser Stelle nicht weiter ausgeführt. Das Potential auf diesem Sektor wird anhand eines separaten Beispiels in Kapitel 6.3 transparent gemacht, wobei die bereits angesprochenen kritischen Montageumfänge bei der Kabelbaummontage aufgegriffen werden.

Der Bereich der eigentlichen Technikplanung ist in diesem Fall weniger relevant, da - wie oben bereits angedeutet - im wesentlichen auf bestehende Komponenten zurückgegriffen werden sollte.

Für die Planung des neuen Montagesystems ergeben sich eine ganze Reihe von Zielkonflikten, die hinsichtlich der sich ergebenden Struktur analysiert werden sollen.

Aus Sicht der **Logistik** (Steuerung und Materialwirtschaft) bietet ein einziger Verbrauchsort pro Posten und damit eine konventionelle Bandlösung erhebliche Vorteile, die sich gerade bei größeren Bauteilen auch in der benötigten Fläche äußern. Das System wird aus logistischer Sicht auch durch fehlende Reihenfolgeänderungen transparenter und einfacher handzuhaben.

Betrachtet man den Aspekt **Vormontageanordnung**, so bietet sich für die Tätigkeit T8 eine Angliederung an die Endmontage an. Damit sind dann auch günstige Voraussetzungen für die Einführung von Gruppenarbeit gegeben. Die zweite Vormontage (bei Tätigkeit T3) spielt nur eine untergeordnete Rolle, da es sich hier um eine losweise Vormontage ohne großen Flächenbedarf handelt.

Arbeitsgänge mit einer hohen **Zeitspreizung** (T3, T6, T7 und T8) sollen zur Reduzierung der Modell-Mix-Verluste in einem Standplatzbereich zusammengefaßt werden. Für die übrigen Arbeiten stellt das Festhalten an einem kontinuierlich laufenden Montageband eine denkbare Lösung dar.

Hinsichtlich der Einführung der **Gruppenarbeit** bietet eine flächendeckende Boxenmontage die größten Vorteile. Im vorliegenden Fall kommt eine weiterer Aspekt hinzu. Um die oben bereits angedeuteten, fehlerkritischen Umfänge bei der Tätigkeit 8 besser in den Griff zu bekommen, bietet es sich hier an, die Vor- und die Endmontage zu einer Gruppe zusammenzufassen. Die Einführung von Gruppenarbeit senkt über die Integration von Tätigkeiten auch die Anzahl der Schnittstellen und erfüllt damit eine weitere Planungsanforderung.

Von der **Investitionskostenseite** her spricht vieles für die Installation eines Montagebands, wohingegen hinsichtlich der laufenden Kosten eine Standplatzlösung durchaus interessant wird. Die Modell-Mix-Verluste können dann klein gehalten und die Abstimmverluste über die Reduzierung der Schnittstellen verringert werden.

Aus dieser komprimierten Darstellung wird schnell ersichtlich, daß es keine einheitliche Lösung gibt, die allen Anforderungen völlig gerecht wird.

Ein serielles Abarbeiten der Einflußfaktoren wirft hier erhebliche Probleme auf und führt sicher nicht zu einer befriedigenden Gesamtlösung. Je nachdem, welcher Gesichtspunkt zuerst herangezogen wird, wird die Strukturentscheidung früh gefällt und gefestigt und damit die Freiräume zur Gestaltung anderer Kriterien deutlich eingeschränkt. Das größte Manko einer Bandlösung liegt in der Auslastung, während eine reine Standplatzlösung aus logistischen Gründen und wegen des erheblichen Platzbedarfs kritisch zu beurteilen ist.

Ein integriertes Planungsvorgehen mit simultaner Berücksichtigung mehrerer Einflußfaktoren unter Betonung der Punkte Personal, Organisation und Vormontageanordnung und mit Einsatz des Hilfsmittels Ablaufsimulation führt zu der in Abbildung 6-5 dargestellten Struktur, die nachfolgend näher erläutert wird.

Arbeitsgänge mit einer hohen Zeitspreizung (T3, T6 und T9) werden in der Boxenmontage zusammengefaßt. Aufgrund der o.a. Planungsprämissen wird die Tätigkeit T8 trotz der deutlichen Schwankungen der Montageinhalte nicht im Standplatzbereich untergebracht, sondern im Band angesiedelt. Da die der Tätigkeit T3 zugeordnete Vormontage nicht variantenbehaftet ist, spricht hier trotz der dann resultierenden vier Verbrauchsorte auch nichts gegen eine Einbindung in den Standplatzbereich. Die hohe Materialintensität bei Arbeitsgang

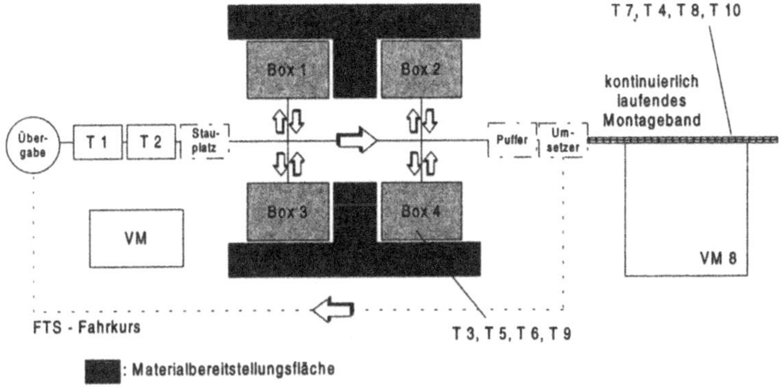

Abb. 6-5: Groblayout der erarbeiteten Struktur

T6, die eigentlich nicht für eine Parallelanordnung spricht, wird bei nur zwei Verbrauchsorten (jeweils zwischen zwei Boxen) vom Vorteil der wegfallenden Zeitdifferenzen im Montageband kompensiert. Sie ist dann auch aus logistischer Sicht noch vertretbar.

Die vorbereitenden Tätigkeiten T1 und T2 werden vor den Standplatzbereich gelegt, während der Arbeitsgang T5 aufgrund der ungünstigen Montageposition nach hinten geschoben wird. Aus ergonomischer Sicht ergeben sich durch die dann mögliche Montage am stehenden Objekt klare Vorteile für dieses Konzept.

Die Arbeitsgänge T7 und T8 werden im Rahmen der sich gemäß Vorranggraph bietenden Freiheiten auseinandergezogen, damit eventuelle Platzprobleme bei zwei unmittelbar aufeinanderfolgenden materialintensiven Umfängen vermieden werden können.

Die Materialversorgung erfolgt unter Regie der Mitarbeiter vor Ort aus einem dezentralen Lager. Dieses stellt die Schnittstelle zwischen Materialwirtschaft und Produktion dar.

Als Organisationsform wird entlang des gesamten Bereichs Gruppenarbeit eingeführt. Die erste Arbeitsgruppe umfaßt dann die Tätigkeiten T1,2,3,5,6 und

9, einer zweiten Gruppe unterliegt die Vormontage zu T8 und die zugehörige Endmontage. Die restlichen Umfänge (T4,7 und 10) werden einer dritten Gruppe zugeordnet. Die resultierenden Gruppenstärken zwischen sechs (bei der dritten Gruppe) und neun Mitarbeitern (bei Gruppe 2) liegen im Rahmen der in Kapitel 5.3 dargestellten Angaben.

Größere Freiräume für die Mitarbeiter können v.a. in der zweiten Gruppe mit der Eingliederung der Vormontage geschaffen werden. Es ergeben sich größere Montageblöcke mit abwechslungsreichen Teilaufgaben. Inhaltlich zusammengehörende Tätigkeiten (Vor- und Endmontage) sind nicht mehr auf unterschiedliche Verantwortungsbereiche aufgeteilt.

Vor und nach dem Standplatzbereich wird - wie auch in Abbildung 6-5 zu sehen ist - jeweils ein Puffer eingerichtet, um Schwankungen im Montageinhalt besser abfangen zu können. Auf diese Weise kann auch sichergestellt werden, daß es im nachfolgenden Montageband nicht zu einer Leerstelle kommt.

In der weiteren Planung erfolgt nun kein Einstieg in die Detailplanungsphase mit einer aufgeschlüsselten Kennzeichnung und Festlegung einzelner Aufstellplätze für Betriebsmittel oder Materialbehälter. Es wird hier nur ein Grobraster definiert, der Rest wird direkt von den Mitarbeitern vor Ort gestaltet.

Der Planungsschwerpunkt verschiebt sich folglich in Richtung Grobplanung.

Im vorgestellten Beispiel wurde über eine entsprechende Layoutgestaltung in Verbindung mit der Einführung einer flexiblen und angepaßten Organisation die Voraussetzung geschaffen, daß sich die Mitarbeiter über ihr Know-How einbringen können. Die Technik (hier v.a. in Bezug auf die Fördermittel) unterstützt sie dabei. Das Potential des Sektors "Technik" kann weiter erschlossen werden, wenn Produktänderungen möglich sind.

Die Strukturentscheidung wurde wie oben dargestellt nicht anhand eines isolierten Kriteriums getroffen. Zunächst mußten die Zusammenhänge systematisch betrachtet und analysiert werden. Im Anschluß konnte über die zur Verfügung stehenden Freiheitsgrade entsprechend reagiert werden, wobei jeweils wieder die Abhängigkeiten zwischen den Faktoren und damit die Auswirkungen einzelner Planungsmaßnahmen zu berücksichtigen waren.

Anhand dieses knapp dargestellten Beispiels wird deutlich, daß an vielen Stellen eine situationsspezifische Entscheidung zu treffen ist. Es kann daher kein standardisiertes Vorgehen ohne Berücksichtigung der spezifischen Aufgabenstellung erarbeitet werden.

6.3 Personalplanungsbeispiel

Nachdem sich im vorherigen Strukturplanungsbeispiel die Betrachtung des Faktors Personal lediglich auf den Aspekt "Anzahl der Arbeitskräfte" bzw. "Gruppenstärke" beschränkte, soll hier im Rahmen einer detaillierten Untersuchung auch der Punkt "Qualifikation" einfließen. Aufgegriffen wird hierzu das Beispiel der Arbeitsgruppe, die zur Erledigung der Kabelbaummontage (Tätigkeit T8) mit den zugehörigen Vorarbeiten definiert wurde. Das gleiche Beispiel mit der aus Platzgründen weit von der Endmontage entfernt angesiedelten Vormontage wurde auch in Kapitel 5.3.4 bearbeitet.

Als wesentliche Problempunkte ergeben sich im Ist-Zustand:

- Motivationsdefizite bei den Mitarbeitern aufgrund der geringen Freiräume
- mangelhafte Abstimmung zwischen Vor- und Endmontage; dies wird v.a. bei kurzfristigen Änderungen (z.B. bei Ausfall eines Fahrzeugs in Folge technischer Unklarheiten oder Fehlteilen) sichtbar
- Engpäße in der Versorgung der Endmontage wegen zeitlich nicht abgestimmter Transporte von der Vormontage zur Endmontage (Transporttätigkeiten liegen in von der Montage getrenntem Verantwortungsbereich); damit sind teilweise sehr personal- und zeitintensive manuelle Transporte zur Versorgung der Endmontage nötig (Mitarbeiter trägt das Vormontageteil an den Einbauort)
- hohe Umlaufbestände mit vielen Teilen, die bereits einen erheblichen Wertschöpfungsprozeß durchlaufen haben

- hohe Fehlerzahl, die z.T. aufgrund der später nur noch eingeschränkten Zugänglichkeit zu erheblichen Nacharbeitsaufwendungen führt
- lange Schleifen zwischen Fehlerentstehung und -entdeckung
- erhebliches Defizit bei der anforderungsgerechten Informationsbereitstellung; dadurch bedingt hohe geistige Rüstzeiten (Mitarbeiter müssen sich entsprechende Arbeitsanweisungen v.a. bei Seltenläufern aus Ordnern zusammentragen, wobei hier oftmals aktuelle Änderungen keine Berücksichtigung finden)
- häufige Stillstandzeiten in der Vormontage durch Fehlteile oder technisch unklare Montageumfänge.

Bei der Vormontage selbst, deren Grundlayout mit der Andeutung der Materialflüsse (reine Richtungsangabe ohne Berücksichtigung der Mengen) in Abbildung 6-6 dargestellt ist, kommen als Mängel

- die schmalen Gehwege
- die unübersichtliche Materialbereitstellung
- die teilweise langen Wege zwischen zwei Arbeitsplätzen
- viele kreuzende und gegenläufige Materialströme und
- die fehlende Zuordnung des Materials zu den Arbeitsplätzen

hinzu.

Die Vormontage ist auf neun Arbeitsplätze aufgeteilt, wobei - wie auch im Layout dargestellt - vier Teilströme an den Stellen VIII und IX zusammenlaufen. Diese vier Unterbaugruppen können laut Vorranggraph parallel bearbeitet werden.

Arbeitsorganisatorisch existiert derzeit folgende Aufteilung:

- an den Arbeitsplätzen V und VIII arbeiten jeweils 2 Mitarbeiter
- am Arbeitsplatz II arbeitet 1 Mitarbeiter

- die Arbeitsplätze I und IV sowie III und IX werden jeweils von einer Arbeitskraft im Wechsel besetzt
- die Arbeitsplätze IV und VII sind nur temporär besetzt.

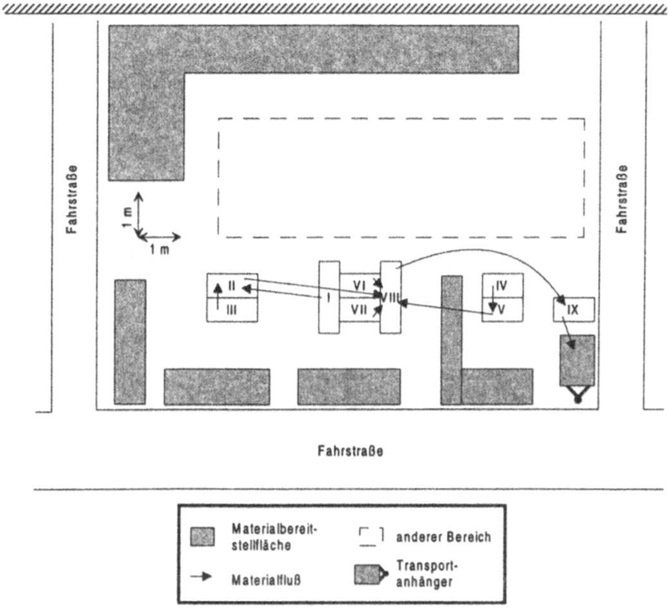

Abb. 6-6: Layout der Vormontage im Ist-Zustand

Aufgrund dieser fixierten Einteilung ergibt sich zwischen den einzelnen Arbeitskräften ein deutliches Auslastungsgefälle mit einem Durchschnittswert unter 80 % (vgl. Abb. 6-7).

Wie in Kapitel 6.2 bereits angedeutet, sieht der veränderte Zustand eine räumliche Angliederung der Vormontage an die Endmontage und die Einführung von Gruppenarbeit vor. Mit der Zusammenfassung von Endmontage mit der zugehörigen Vormontage ergibt sich gemäß der in Kapitel 5.3 dargestellten Definition eine vertikale Gruppe. Das zugehörige Layout des Montagebereichs wird in Abbildung 6-8 gezeigt. Die Aufteilung der Arbeitsinhalte auf Arbeitsplätze wurde vom Ist-Zustand übernommen.

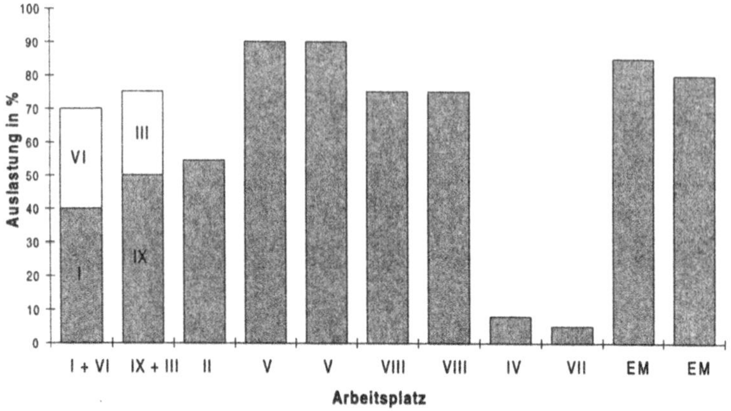

Abb. 6-7: Auslastungsgefälle

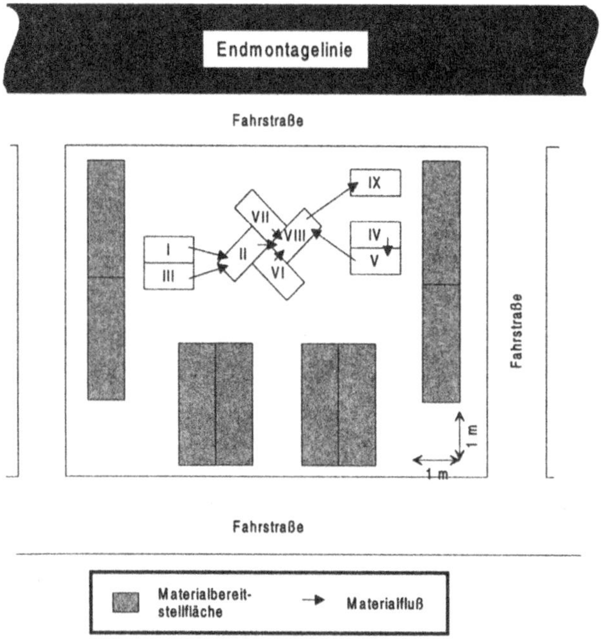

Abb. 6-8: Layout im Planzustand

Alleine aus der veränderten Struktur ergeben sich für die Produktion folgende Konsequenzen:

- Das übersichtlichere Layout sorgt für mehr Transparenz in der Produktion.
- Es ergibt sich ein gerichteter Materialfluß ohne Kreuzungen.
- Das Material ist klar den einzelnen Arbeitsplätzen zugeordnet.
- Indirekte Tätigkeiten wie z.B. Materialversorgung der Vormontage ab einem dezentralen Lager, Betriebsmittelwartung und kleinere Instandsetzungsarbeiten oder die kurzfristige Disposition werden von der Gruppe übernommen.
- Es wird ein deutlicher Rückgang der Fehlerquote und damit ein niedrigerer Nacharbeitsaufwand erwartet.
- Das System wird erheblich unempfindlicher gegen Auslastungsschwankungen. Damit vereinfacht sich auch die Einsteuerung der Fahrzeuge, da die Restriktionen gelockert werden können.
- Das Manko der wenig geeigneten Informationsbereitstellung wird durch die Einführung EDV-gestützter Arbeitsanweisungen beseitigt. Der Mitarbeiter kann über Bildschirmmasken Informationen in unterschiedlichen Detaillierungsstufen abrufen. Die Bereitstellung der Informationen orientiert sich am aktuellen Produktionsprogramm, so daß lange Such- und Wartezeiten nicht auftreten können. Ein derartiges System hat auch hinsichtlich der Schulung und Einarbeitung neuer Mitarbeiter große Vorteile.
- Der Planungs- und Betreuungsaufwand außerhalb der Produktion kann deutlich vermindert werden.

Im weiteren wird ein Hauptaugenmerk auf den Aspekt "Qualifikation der Mitarbeiter" und die hierin verborgenen Potentiale gelegt. Die Qualifikation der Mitarbeiter im Ist-Zustand kann über die Mitarbeiter-Tätigkeits-Matrix visualisiert werden. Wie Abbildung 6-9 zu entnehmen ist, beherrschen die einzelnen Mitarbeiter meist nur drei oder vier verschiedene Umfänge, obwohl sämtliche Arbeiten vom Anforderungsprofil her relativ nah beisammen liegen. Da aber im derzeitigen Stadium Anreize zu einer Höherqualifikation nicht existieren, ist auch die entsprechende Motivation der Mitarbeiter zum Erlernen weiterer Arbeiten und damit zu einem flexibleren Einsatz nur im geringen Umfang vorhanden.

	T 1	T 2	T 3	T 4	T 5	T 6	T 7	T 8	T 9	EM
MA 1	X			X		X				
MA 2			X				X		X	
MA 3			X				X		X	
MA 4	X	X		X	X	X		X		X
MA 5		X			X			X		X
MA 6		X			X			X		
MA 7		X			X			X		
MA 8	X	X		X		X		X		X
MA 9		X			X		X			X

Abb. 6-9: Mitarbeiter-Fähigkeits-Matrix im Ist-Zustand

Mit dem Hilfsmittel Ablaufsimulation lassen sich nun die Auswirkungen von Qualifizierungsmaßnahmen in Verbindung mit der Einführung neuer Organisationsstrukturen (Gruppenarbeit) darstellen.

Zunächst wird der Tätigkeitsumfang nicht verändert, d.h. es werden nur die reinen Vor- und Endmontagetätigkeiten berücksichtigt. Bei einem vorgegebenen Montageprogramm kann ermittelt werden, ob durch die Einführung der Gruppenarbeit Personal gespart werden kann.

Bei gleichbleibender Qualifikation der Mitarbeiter zeigt sich im Simulationsexperiment, daß auf den punktuellen und kostenintensiven Einsatz eines Springers verzichtet werden kann. Der Gruppe wird über einen definierten zeitlichen Vorlauf von fünf Montageeinheiten ermöglicht, Belastungsschwankungen, die v.a. beim Arbeitsplatz V und in der Endmontage auftreten, auszugleichen.

Wird nun in einem zweiten Schritt die Mitarbeiterqualifikation schrittweise erhöht, so sind weitere positive Konsequenzen zu sehen. Im vorliegenden Fall kann mit Hilfe der Simulation gezeigt werden, daß ab der zweiten Qualifizierungsstufe (Mitarbeiter-Fähigkeits-Matrix nach dieser Stufe: siehe Abb. 6-10) sogar die Reduzierung der Personalstärke um eine Arbeitskraft möglich ist.

	T 1	T 2	T 3	T 4	T 5	T 6	T 7	T 8	T 9	EM
MA 1	X	X		X	X	X	X	X	X	X
MA 2	X	X	X		X	X	X	X	X	
MA 3	X	X	X	X	X	X	X	X	X	X
MA 4	X	X	X	X	X	X	X	X	X	X
MA 5	X	X			X	X		X		X
MA 6		X		X	X			X		
MA 7		X		X	X		X	X		
MA 8	X	X	X	X		X		X	X	X
MA 9		X		X	X		X			X

Abb. 6-10: Mitarbeiter-Fähigkeits-Matrix nach Stufe II

Die Wirksamkeit der Qualifizierungsmaßnahmen kann auch für denkbare Zwischenstufen bereits über eine Systemkenngröße ermittelt werden, die die Anzahl der "vergeblichen" Werkeranforderungen mitprotokolliert. Auch wenn dies nur über einen sehr einfachen Algorithmus geschieht, da nur jeweils der Reihe nach solange Werker angefordert werden, bis einer die nötige Qualifikation mitbringt, so sind die in Abbildung 6-11 dargestellten Werte dennoch ein klares Indiz.

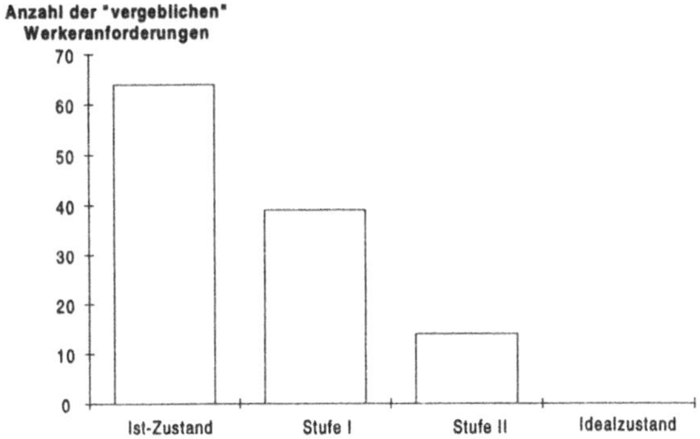

Abb. 6-11: Wirksamkeit von Qualifizierungsmaßnahmen

In einem zweiten Ansatz wird nun weniger auf die in Abhängigkeit von der Qualifikation nötige Mitarbeiteranzahl, sondern vielmehr auf die zusätzlich möglichen indirekten Tätigkeiten abgezielt. Folgende Arbeiten kommen hinzu:

- Materialversorgung der Vormontage: 10 Minuten je Stunde für 1 AK
- Betriebsmittelwartung: je Schicht 15 Minuten für 1 AK
- Transport der vormontierten Teile an den Einbauort: je Teil 0,5 Minuten zusätzlicher Endmontageaufwand für 1 AK.

Mit Hilfe der Simulation konnte auch für diesen Fall gezeigt werden, welche Montageprogramme von der Gruppe nach welchen Qualifizierungsmaßnahmen bewältigt werden können bzw. welche Einschränkungen hinsichtlich der Einsteuerung der Montageobjekte getroffen werden müssen. Mit zunehmender Qualifikation der Mitarbeiter werden die Restriktionen an das Programm immer kleiner.

Mit der Wahrnehmung von Tätigkeiten, die über reine Montageverrichtungen hinausgehen, übernimmt die Gruppe - wie in Abbildung 6-12 dargestellt - neben den reinen Montageumfängen auch Umfeldfunktionen und kann so ihren Autonomiegrad festigen. Aufgaben wie das Personalwesen oder die Entwick-

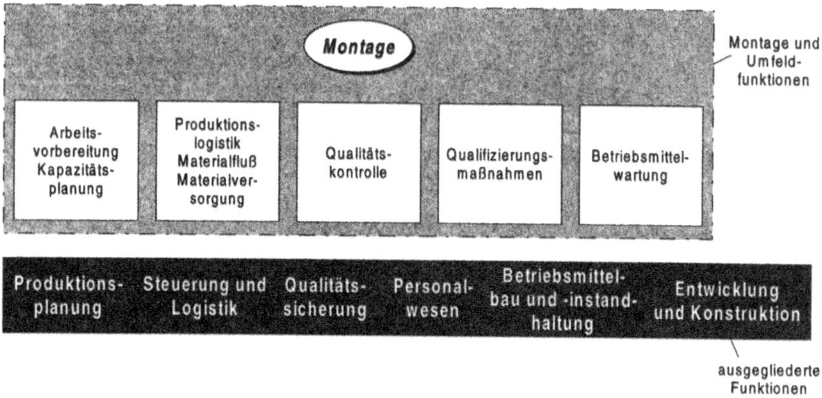

Abb. 6-12: Montage und Umfeldtätigkeiten

lung und Konstruktion bleiben ausgegliederte, jedoch nicht mehr isolierte Funktionen. Das Erfahrungspotential der Mitarbeiter vor Ort muß sich hier als tragende Säule etablieren und auch respektiert werden.

Anhand dieses vergleichsweise noch einfachen und überschaubaren Beispiels kann verdeutlicht werden, daß der Einflußfaktor Personal unter Beachtung der Qualifikation in Verbindung mit einer geeigneten Organisationsstruktur zu erheblichen Rationalisierungserfolgen beitragen kann. Eine sinnvolle Nutzung der Mitarbeiterfähigkeiten führt dann u.a. zu einem Abbau der Schnittstellen und zu einer deutlichen Steigerung der Transparenz. Entscheidende Voraussetzung ist hierzu jedoch, daß die nötigen Freiräume geschaffen werden.

Überträgt man hier auch einen Teil der Detailplanungsaufgaben (z.B. Arbeitsplatzfeingestaltung, Materialbereitstellungsplanung) auf die Arbeitsgruppen, so resultiert daraus eine - gerade beim betrachteten Produktspektrum nicht unerhebliche - Entlastung der Planungsabteilungen. Dazu ergibt sich eine verbesserte Arbeitszufriedenheit der Mitarbeiter, denen Entfaltungs- und Mitbestimmungsmöglichkeiten geboten werden können.

Auch wenn im obigen Beispiel der Aspekt "Personal" im Mittelpunkt stand, führt eine isolierte Betrachtung nicht zum Ziel. Nur in Verbindung mit anderen Einflußgrößen (hier in erster Linie Vormontageanordnung, Materialversorgung und Steuerung) sind deutliche Rationalisierungseffekte erzielbar.

7 Zusammenfassung und Ausblick

Der vom Kunden diktierte Markt fordert zunehmend innovative und damit oft auch komplexe Produkte in immer höheren Variantenzahlen. Die vorliegende Arbeit beschäftigt sich mit der Planung der Montage derartiger Erzeugnisse für größere Stückzahlen mit einem hohen Anteil manueller Tätigkeiten. Sie soll einen durchgängigen Ansatz zur Systemgestaltung ohne die in der verfügbaren Literatur oft zu findende Beschränkung auf einen Einzelaspekt (wie z.B. die Materialbereitstellung oder die Einführung von Gruppenarbeit) liefern.

Als Grundlage für die weiteren Betrachtungen erfolgt zunächst eine Einordnung der Montage in das übergeordnete Produktionssystem und eine Charakterisierung des Bereichs Montage. Es wird dann ein Überblick über Grundlagen der Montagesystemgestaltung und verschiedene Planungsansätze und -aspekte (z.B. Aufteilung in Planungsphasen, Zeit als kritischer Faktor) gegeben. Die Planung der Montage komplexer Produkte stellt selbst wieder eine komplexe Aufgabe dar. An der ablauforganisatorischen Maßnahme der Aufteilung in einzelne Phasen und Aufgaben zur Reduzierung der Gesamtkomplexität wird festgehalten.

Es folgt eine Zusammenstellung ausgewählter Planungshilfsmittel und ein knapper Überblick über Entstehung und Maßnahmen zur Reduzierung von Verlustzeiten, die bei den betrachteten Montagen ein erhebliches Rationalisierungspotential beinhalten.

Die Montage selbst unterliegt dem Einfluß einer Vielzahl von Parametern. Zur Darstellung der Einflußfaktoren wird ein Systemmodell aufgestellt und die einzelnen Größen wie Produkt, Steuerung und Logistik oder Materialwirtschaft beschrieben. Ein Blick auf geeignete Montagestrukturen für komplexe, variantenreiche und großvolumige Produkte zeigt, daß dort bei großen Stückzahlen das Fließband das vorherrschende Element ist und bleibt.

In Kapitel 4 wird das oben erwähnte Systemmodell zur - sonst häufig vernachlässigten - Berücksichtigung der gegenseitigen Beeinflussung der Einzelgrößen erweitert. Eine geschlossene mathematische Beschreibung des Systemverhaltens ist aufgrund der vielen, teilweise gegenläufigen Tendenzen nicht möglich. Daher wird hier eine Matrix aufgebaut, die die Verknüpfungen der einzelnen Aspekte zeigt und so die Auswirkung punktueller Maßnahmen auf andere Stellgrößen verdeutlicht. Wie bei der Matrix dient auch bei der stichpunktartigen Beschreibung der Zusammenhänge das Produkt als Ausgangspunkt.

Um dem hohen Zeitdruck, den Qualitätsanforderungen und dem vernetzten Problem gerecht zu werden, bietet sich die Ablaufsimulation als geeignetes Hilfsmittel zur Beschreibung des dynamischen Systemverhaltens an. Sie wird hinsichtlich einer systematischen Vorgehensweise und v.a. bezüglich aufwandskritischer Aspekte untersucht.

Anschließend werden einzelne Einflußgrößen einer detaillierten Betrachtung unterzogen. So spielt die Anordnung und Gestaltung von Vormontagen gerade bei in Teilsysteme gegliederten Strukturen eine wichtige Rolle. Der starke Produkteinfluß wurde über getrennte Betrachtungen der Aspekte Komplexität, Fertigungsart (auftragsbezogen bzw. losweise) und Teilehandling (nach Gewicht, Größe und Empfindlichkeit) berücksichtigt. Exemplarisch wird eine Bewertung nach monetär nicht oder nur schwer quantifizierbaren Kriterien durchgeführt und damit die Stärken und Schwächen verschiedener Konfigurationen dargestellt.

Bei der Untersuchung des Faktors Personal stehen flexible Arbeitszeitmodelle zur Gewährleistung der geforderten Flexibilität und Aufgaben der Personalplanung (v.a. Berücksichtigung des Aspekts Qualifikation) im Mittelpunkt. Als Einsatzbeispiel für die Ablaufsimulation wird ein Endmontageabschnitt aus der Nutzfahrzeugherstellung untersucht. In Abhängigkeit vom Auftragsprogramm und der Definition der Arbeitsbereiche können die Aufenthaltsorte der Werker ermittelt werden. Rückschlüsse für eine günstige Einschleusung der Montageobjekte (= Aufgabe der Montagesteuerung) werden ermöglicht.

Die erforderlichen Freiräume für die Mitarbeiter sind durch die Einbindung in geeignete Organisationsformen zu schaffen. Diskutiert werden u.a. Möglichkeiten der Einführung und Gestaltung von Gruppenarbeit bei verschiedenen Betriebsorganisationsformen sowie daraus resultierende Konsequenzen. Die Einführung von Gruppenarbeit läßt eine Entkoppelung von Betriebs- und Arbeitszeit zu.

Die Planung komplexer Montagesysteme verlangt die Berücksichtigung mehrerer Einflußfaktoren inklusive der gegenseitigen Abhängigkeiten. Beim betrachteten Produkt- bzw. Montagespektrum rücken technikorientierte Ansätze in den Hintergrund und werden daher in der vorliegenden Arbeit nur am Rande behandelt. Dagegen wird der Faktor Personal in Verbindung mit einer angepaßten Organisationsform in den Mittelpunkt des Strebens nach Verbesserung gestellt. Die für die Werkstattebene geforderten Freiräume führen zu einer Verschiebung der Planungsschwerpunkte in Richtung Grobplanung und weg von der Detaillierungsphase. Die Lösung dieser Problemstellungen (z.B. Ausgestaltung einzelner Arbeitsplätze oder Anordnung des bereitzustellenden Materials) soll von den Mitarbeitern vor Ort erbracht werden.

Abgeleitet wird ein integriertes Planungsvorgehen, das unter Einsatz der Ablaufsimulation als Hilfsmittel zu einer verbesserten Planungsqualität bei niedrigerem Zeitbedarf führt. Aufgaben der Detaillierung (z.B. endgültige Definition der Arbeitsplatzgestaltung) sollen nicht mehr von Seiten der Planung, sondern auf der Ebene der direkten Wertschöpfung vollzogen werden. Dieses Vorgehen wird anhand eines zweigeteilten Planungsbeispiels erläutert, bei dem im ersten Teil die Struktur und im zweiten Abschnitt das Kriterium Personal mit Berücksichtigung des Faktors Qualifikation im Mittelpunkt steht.

Der vorgeschlagene Einsatz der Ablaufsimulation mit vorbereiteten Modellelementen und der Verlagerung der situationsspezifischen Randbedingungen aus dem eigentlichen Simulationsmodell in Dateischnittstellen sollte konsequent weitergeführt werden. Die Auswirkungen von Veränderungen können dann direkt über Qualitätsparameter ausgewiesen werden.

In einem weiteren Schritt kann die Anpassung der Betrachtungsweise und Systematik für andere Produktspektren erfolgen.

Bei allen Rationalisierungsbestrebungen dürfen sich die Anstrengungen nicht nur auf den Bereich der Fertigung beschränken, sondern müssen sich auf das gesamte Unternehmen ausdehnen. Die Ansätze des "Lean Managements" oder des "Reengineerings" zielen hierauf ab [SEIF 94]. Die Kundenwünsche sind in den Mittelpunkt zu stellen und auf sie sind die Aktivitäten auszurichten.

8 Literaturverzeichnis

[ABEL 91] Abels, H.: Bestandsreduzierung durch moderne Dispositionsmethoden. Köln: Verlag TÜV Rheinland, 1991

[AGGT 81] Aggteleky, B.: Fabrikplanung: Werksentwicklung und Betriebsrationalisierung, Band 1: Grundlagen, Zielplanung, Vorarbeiten. München: Hanser, 1981

[AMME 84] Ammer, E.-D.: Rechnergestützte Planung von Montageablaufstrukturen für die Erzeugnisse der Serienfertigung. Diss. Universität Stuttgart, 1984

[ANTO 90] Antoni, C.H.: Qualitätszirkel als Modell partizipativer Gruppenarbeit. Stuttgart: Verlag Hans Huber, 1990

[AWF 90] Fertigungsinsel-Informationsstelle im AWF (Herausg.): Integrierte Fertigung von Teilefamilien. Köln: Verlag TÜV Rheinland, 1990

[BAES 88] Bäßler, R.: Montagegerechte Produktgestaltung für eine wirtschaftliche Montageautomatisierung. Ehningen: expert, 1988

[BARD 87] Bardens, R.E.: Rechnergestützte Qualifikationsplanung - Entwicklung eines Modells für die qualitative technologieorientierte Personalarbeit. Diss. TU Berlin, 1987

[BAUM 93] Baumgarten, H.; Straube, F.: Gezähmte Individualität. In: Logistik heute, 9-93, S. 60 - 64

[BICK 92] Bick, W.: Systematische Planung hybrider Montagesysteme unter besonderer Berücksichtigung des optimalen Automatisierungsgrades. Diss. TU München, iwb Forschungsberichte Band 46. Berlin: Springer, 1992

[BOSC 91] N.N.: Bosch-Infotafel für den betrieblichen Informationstransfer. Firmenschrift Robert Bosch GmbH, Waiblingen, Druckschrift-Nr. 3 842 506 493 IA 02/92

[BUEH 93] Bühner, R.; Pharao, I.: Erfolgsfaktoren integrierter Gruppenarbeit. In: VDI-Z 135 (1993), Nr. 1/2, S.46 - 57

[BULL 86] Bullinger, H.-J.(Hrsg.); Ammer, D; Dungs, K. jr.; Seidel, U.; Weller, B.: Systematische Montageplanung. München: Hanser, 1986

[BULL 94] Bullinger, H.-J.: Höhere Wettbewerbsfähigkeit durch Kundenorientierung und Kostenreduzierung in der Montage. In: Schriftliche Fassung der Vorträge zum Münchener Kolloquium am 24./25. Februar 1994. Berlin: Springer, 1994

[DAEN 83] Daenzer, W.F.: Systems Engineering. Zürich: Verlag Industrielle Organisation, 1983

[DEUT 89] Deutschländer, A.: Integrierte rechnerunterstützte Montageplanung. Diss. TU Berlin, 1989

[DIRN 93] Dirndorfer, A.: Robotersysteme zur förderbandsynchronen Montage. Diss. TU München, iwb Forschungsberichte Band 63. Berlin: Springer, 1993

[DUTT 83] Gottlieb Duttweiler Institut (Hrsg.): Arbeit- Beispiele für ihre Humansierung. Olten: Walter-Verlag AG, 1983

[EVER 87] Eversheim, W. (Hrsg.): Strategien zur Rationalisierung der Montage. Düsseldorf: VDI-Verlag, 1987

[EVER 89] Eversheim, W. (Hrsg.): Organisation in der Produktionstechnik, Bd. 4: Fertigung und Montage. 2. Aufl. Düsseldorf: VDI-Verlag, 1989

[FELD 88] Feldmann, K., Schmidt, B.: Simulation in der Fertigungstechnik. Berlin: Springer, 1988

[FREM 93] Fremerey, F.: Erhöhung der Variantenflexibilität in Mehrmodell-Montagesystemen durch ein Verfahren zur Leistungsabstimmung. Diss Stuttgart, IPA IAO Forschung + Praxis Band 173. Berlin: Springer, 1993

[FROM 88] Frommherz, B., Hornberger, J.: Automatische Erzeugung von Vorranggraphen. Robotersysteme, 4 (1988)

[GAIR 81] Gairola, A.: Montagegerechtes Konstruieren - Ein Beitrag zur Konstruktionsmethodik. Diss. TH Darmstadt, 1981

[GEBA 92] Gebauer, L.: Prozeßuntersuchungen zur automatischen Montage von optischen Linsen. Diss. TU München, iwb Forschungsberichte Band 47. Berlin: Springer, 1992

[GOER 78] Görke, M.: Rechnerunterstützte Verfahren zur Leistunsabstimmung von Mehrmodell-Montagesystemen. Diss Univ. Stuttgart, 1978

[GREM 93] Gremm, F.: Die Fabrik im Rechner. In: Materialfluß, Mai 93, S. 8 - 10

[GROB 82] Grob, R.; Haffner, H.: Planungsleitlinien Arbeitsstrukturierung : Systematik zur Gestaltung von Arbeitssystemen. Berlin: Siemens AG, 1982

[GROH 88] Groha, A.: Universelles Zellenrechnerkonzept für flexible Fertigungssysteme. Diss. TU München, iwb Forschungsberichte Band 14. Berlin: Springer, 1988

[GROS 93] Große, R.: Spezialisten machen Erfahrung sicher. In: Fördertechnik 1993, S. 30 - 33

[GRÜN 93] Grün, J.: Qualifizierung und verbesserte betriebliche Kommunikation durch Gruppenarbeit. In: io Management Zeitschrift 62 (1993) Nr. 6, S. 50 - 54

[GUEN 93] Guenther, J.: Personalführung 1. Vorlesungsskript, München, 1993

[HACK 86] Hacker, W.: Arbeitspsychologie. Bern: H. Huber, 1986

[HALL 92] Hallwachs, U.; Kummle, H.; Schroedter, C.; Steiner, G.; Todtenhaupt, P.: Integrierte Fabrik- und Industriebauplanung. In: VDI-Z 134 (1992], Nr. 10, S. 48 - 57

[HARD 94] Harder, K.; Lehmann, H.: Kopplung von CAD und Ablaufsimulation für die Materialflußplanung. Vorlage zur Veröffentlichung in ZWF-CIM 1994

[HART 91] Hartberger, H.: Wissenbasierte Simulation komplexer Produktionssysteme. Diss. TU München, iwb Forschungsberichte Band 32. Berlin: Springer, 1991

[HART 92] Hartwich, G.: Wege zur schlanken Automobilfabrik. Schriftliche Fassung der Vorträge des Produktionstechnischen Kolloquiums Berlin 1992

[HART 93] Hartmann, M.: Entwicklung eines Kostenmodells für die Montage. Diss. RWTH Aachen, 1993

[HEGE 94] Heger, R.; Rößler, A.: Virtuelle Montageplanung. In: Fertigung, Juni 1994, S. 30 - 32

[HEIN 92] Heinen, E.: Industriebetriebslehre, Entscheidungen im Industriebetrieb. 9. Aufl. Wiesbaden: Gabler, 1992

[HELM 89] Helmold, E.: Möglichkeiten und Probleme des Managements flexibler Arbeitszeiten. Diss. Georg-August-Universität Göttingen; 1989

[HESS 92] Hesse, R.: Fließband oder Gruppenarbeit? In: Schriftliche Fassung der Vorträge auf dem 10. Deutschen Montagekongreß am 24./25. März 92 in München. Landsberg: moderne Industrie, 1992

[HOES 78] Hoeschen, R.-D.: Planung von Montagesystemen im Rahmen der technischen Investitionsplanung - Ein Beitrag zur Montageplanung für Unternehmen mit Einzel- und Serienfertigung. Diss. RWTH Aachen, 1978

[HOSS 92] Hoßmann, J.: Methodik zur Planung der automatischen Montage von nicht formstabilen Bauteilen. Diss. TU München, iwb Forschungsberichte Band 43. Berlin: Springer, 1992

[ifp 94] N.N.: Produktinformation AnySIM (Stand III/94). Firmenschrift des Instituts für Produktionstechnik GmbH, Dornach, 1994

[JAEG 91] Jäger, A.: Systematische Planung komplexer Produktionssysteme. Diss. TU München, iwb Forschungsberichte Band 31. Berlin: Springer, 1991

[JÜRG 89] Jürgens, U.; Malsch, T.; Dohse, K.: Moderne Zeiten in der Automobilfabrik. Berlin: Springer, 1989

[KETT 84] Kettner, H.; Schmidt, J.; Greim, H.-R.: Leitfaden der systematischen Fabrikplanung. München: Hanser, 1984

[KIRC 90] Kirchner, J.-H.: Ergonomie für Konstrukteure und Arbeitsgestalter. München: Hanser, 1990

[KNAU 89] Knauth, P.: Aktuelle Schichtpläne. In: Flexibilisierung der Arbeitszeiten im Produktionsbetrieb, IAO-Forum 9. November in Stuttgart. Berlin: Springer, 1989

[KOEP 91] Koepfer, T.: 3D-grafisch-interaktive Arbeitsplanung - ein Ansatz zur Aufhebung der Arbeitsteilung. Diss. TU München, iwb Forschungsberichte Band 40. Berlin: Springer, 1990

[KOET 86] Koether, R.: Verfahren zur Verringerung von Modell-Mix-Verlusten in Fließmontagen. IPA/IAO-Berichte Forschung und Praxis, Band 83. Berlin: Springer, 1986

[KUGE 93] Kugelmann, F.: Einsatz nachgiebiger Elemente zur wirtschaftlichen Automatisierung von Produktionssystemen. Diss. TU München, iwb Forschungsberichte Band 67. Berlin: Springer, 1993

[KUMM 94] Kummetsteiner, G.: 3D-Bewegungssimulation als integratives Hilfsmittel zur Planung manueller Montagesysteme. Diss. TU München, iwb Forschungsberichte Band 66. Berlin: Springer, 1994

[LINN 94] Linner, S.; Geyer, M.; Kummetsteiner, G.; Volkwein, G.: Simulieren geht über Probieren. In: Die Neue Fabrik 1994, S. 16 - 18

[LORE 93] Lorenzen, K. D.; Fischer, R.: Schlank ohne Magersucht. In: Industrie Anzeiger 27/93, S. 29 - 31

[LOTT 86] Lotter, B.: Wirtschaftliche Montage. Düsseldorf: VDI-Verlag, 1986

[LOTT 88] Lotter, B.: Umrüstbare Montagezellen, eine Chance für die Flexibilisierung der Kleinteilemontage. In: Wettbewerbsvorteile durch Integration in Produktionsunternehmen (Referate des Münchner Kolloquiums '88, 24./25. März 1988). Berlin: Springer, 1988

[MERZ 87] Merz, K.-P.: Entwicklung einer Methode zur Planung der Struktur automatisierter Montagesysteme. Diss. RWTH Aachen, 1987

[METZ 77] Metzger, H.: Planung und Bewertung von Arbeitssystemen in der Montage. Mainz: Krausskopf, 1977

[MIES 76] Miese, M.: Systematische Montageplanung in Unternehmen mit Kleinserienproduktion. Essen: Giradet, 1976

[MILB 88] Milberg, J.: Wettbewerbsvorteile durch Stärkung der Integration. In: Schriftliche Fassung der Vorträge des Münchener Kolloquiums 88 am 24./25. März 88. Berlin: Springer, 1988

[MILB 91] Milberg, J.: Wettbewerbsfaktor Zeit in Produktionsunternehmen. In: Schriftliche Fassung der Vorträge des Münchener Kolloquiums 91 am 28. Februar/1. März 91. Berlin: Springer, 1991

[MILB 92a] Milberg, J.: Effizienz- und Qualitätssteigerung bei der Produkt- und Produktionsgestaltung. In: Schriftliche Fassung der Vorträge auf dem Produktionstechnischen Kolloquium Berlin 1992:

Markt, Arbeit und Fabrik; Mut zum industriellen Aufbruch in Ost und West

[MILB 92b] Milberg, J.: Die schlanke Produktion - eine Herausforderung für die Montage! In: Schriftliche Fassung der Vorträge auf dem 10. Deutschen Montagekongreß am 24./25. März 92 in München. Landsberg: moderne Industrie, 1992

[MILB 94] Milberg, J.: Unsere Stärken stärken - Der Weg zu Wettbewerbsfähigkeit und Standortsicherung. In: Schriftliche Fassung der Vorträge zum Münchener Kolloquium am 24./25. Februar 94. Berlin: Springer, 1994

[MTM 90] N.N.: MTM- Handbuch I Grundlehrgangsunterlagen. 7. Aufl. August 90. Deutsche MTM-Vereinigung e.V., Hamburg, 1990

[MUEL 91] Müller-Seitz, P.: Erfolgsfaktor Schichtarbeit?. Köln, Verlag TÜV Rheinland, 1991

[NECK 91] Necker, T.: Veränderung der Märkte und ihre Auswirkungen auf den Produktionsbetrieb. In: Schriftliche Fassung der Vorträge zum Fertigungstechnischen Kolloquium am 1./2. Oktober 91 in Stuttgart. Berlin: Springer, 1991

[NEUB 86] Neubert, J., Tomczyk, R.: Gruppenverfahren der Arbeitsanalyse und Arbeitsgestaltung. Berlin: Springer, 1986

[NIEF 93] Niefer, H.: Planung, Einführung und Optimierung von Gruppenarbeit in der Teilefertigung, Forschungsberichte für die Praxis Bd. 123, Diss. Berlin, 1993

[NIES 94] Nieß, P. S.; Mader, E.: Bestände runter - aber wie? In: Materialfluß, Juni 94, S. 14 - 18

[NN 94] N.N.: Auf die Qualität des Verhaltens kommt es an. In: Produktion 16.6.94 Nr. 24, S. 3

[NOCH 92] Noche, B.: Profis planen niemals ohne. In: Materialfluß 92, Nr. 2, S. 40 - 44

[NOLT 89] Nolting, F.-W.: Projektierung von Montagesystemen. Diss Univ. Erlangen-Nürnberg. München: Hanser, 1989

[OELD 87] Oeldorf, G.; Olfert, K.: Materialwirtschaft. Ludwigshafen: Friedrich Kiel Verlag, 1987

[PEFF 82] Peffekoven, K.H.: Planung und Steuerung des Montageablaufs in Unternehmen der Einzel- und Serienfertigung. Diss. RWTH Aachen, 1982

[PFRA 90a] Pfrang, W.: Simulation als Werkzeug zur Gestaltung manueller und teilautomatisierter Montageplätze; Vortrag auf dem 9. Deutschen Montagekongreß am 26. und 27. April 1990 in Stuttgart; Verlag moderne Industrie

[PFRA 90b] Pfrang, W.: Rechnergestützte und graphische Planung manueller und teilautomatisierter Arbeitsplätze. Diss. TU München, iwb Forschungsberichte Band 29. Berlin: Springer, 1990

[REFA 85] REFA Verband für Arbeitsstudien und Betriebsorganisation (Hrsg.): Methodenlehre der Planung und Steuerung, Teil 2: Planung. München: Hanser, 1985

[REFA 90] REFA Verband für Arbeitsstudien und Betriebsorganisation e.V. (Hrsg.): Methodenlehre der Betriebsorganisation - Planung und Gestaltung komplexer Produktionssysteme. München: Hanser, 1990

[REIN 94] Reinhart, G.: Wettbewerbsfähige Produktion - Voraussetzung für eine strategische Entscheidung. In: Schriftliche Fassung der Vorträge zum Münchner Kolloquium am 24./25. Februar 1994. Berlin: Springer, 1994

[REIS 90] Reister, D.: Entwicklung eines Verfahrens zur projektübergreifenden Personaleinsatzoptimierung. VDI Fortschrittsberichte, Reihe 16: Technik und Wirtschaft Nr. 56. Düsseldorf: VDI, 1990

[ROHM 76] Rohmert, W., Weg, F.J.: Beiträge zur Arbeitswirtschaft: Reihe 1, Angewandte Forschung, Band 1 Organisation teilautonomer Gruppenarbeit. München: Hanser, 1976

[SAUE 87] Sauer, H.: Mengen- und ablauforientierte Kapazitätsplanung von Montagesystemen. Diss. Universität Stuttgart, 1987

[SCHA 86] Schad, G.: Entwicklung und Einsatz eines interaktiven Verfahrens zur Leistungsabstimmung von Montagesystemen. IPA/IAO-Berichte Forschung und Praxis, Band 84. Berlin: Springer, 1986

[SCHA 92] Scharf, P.; Spies, W.: Computersimulation hilft bei der Optimierung von Produktionsanlagen. In: VDI-Z 134 (1992) Nr. 10 - Oktober, S. 72 - 76

[SCHE 92] Schneevoigt, I.: Zielorientierte Selbstkontrolle der Mitarbeiter: In: Personal 1/92

[SCHI 91] Schimke, E.-F.: Montageplanung: Methoden, Fallbeispiele, Praxiserfahrung. Düsseldorf: VDI, 1991

[SCHL 88] Schlüter, K.: Nutzungsgradsteigerung von Montagesystemen durch den Einsatz der Simulationstechnik. München, Hanser, 1988

[SCHL 94] Schleef, A.: Neue Formen der Arbeitsorganisation - Management des Veränderungsprozesses. In: Schriftliche Fassung der Vorträge zum Münchener Kolloquium am 24./25. Februar 94. Berlin: Springer, 1994

[SCHM 81] Schmidtke, H.: Ergonomie. München, Hanser, 1981

[SCHM 89] Schmitt, E.: Werkstattsteuerung bei wechselnder Auftragsstruktur - Ein Ansatz zur rechnergestützten Maschinenbelegungsplanung. Diss. Univ. Karlsruhe, Forschungsberichte aus dem Institut für Werkzeugmaschinen und Betriebstechnik der Universität Karlsruhe, Band 20. 1989

[SCHM 90] Schmidt, V.: Entwicklung und Planung gruppenorientierter Arbeitsstrukturen für die Montage komplexer und variantenreicher Produkte in der Automobilindustrie. Diss. TU Carolo-Wilhelmina Braunschweig, 1990

[SCHM 92] Schmidt, M.: Konzeption und Einsatzplanung flexibel automatisierter Montagesysteme. Diss. TU München, iwb Forschungsberichte Band 41. Berlin: Springer, 1992

[SCHO 89] Schöninger, J.: Planung taktzeitoptimierter flexibler Montagestationen. IPA/IAO-Berichte Forschung und Praxis, Band 133. Berlin: Springer, 1989

[SCHR 92] Schrüfer, N.: Erstellung eines 3D-Simulationssystems zur Reduzierung von Rüstzeiten bei der NC-Bearbeitung. Diss. TU München, iwb Forschungsberichte Band 48. Berlin: Springer, 1992

[SCHR 93] Schreiber, W.: Den eigenen Entwicklungsweg bestreiten. In: Produktion, 15.7.93, S. 3

[SCHU 90] Schugmann, R.: Nachgiebige Werkzeugaufhängungen für die automatische Montage. Diss. TU München, iwb Forschungsberichte Band 24. Berlin: Springer, 1990

[SCHU 92] Schuster, G.: Rechnergestütztes Planungssystem für die flexibel automatisierte Montage. Diss. TU München, iwb Forschungsberichte Band 55. Berlin: Springer 1992

[SEIF 94] Seifert, H.; Steiner, M.: Aufbruch in eine neue Management-Ära. In: Süddeutsche Zeitung: Wirtschaft (1994-07-12), Nr. 158, S. 22

[SELI 92] Seliger, G.; Hsieh, L.-H.; Feige, M.: Welche Montagestrukturen bestimmen die Zukunft?; Schriftliche Fassung der Vorträge auf dem 10. Deutschen Montagekongreß am 24./25. März 1992 in München; Landsberg: moderne Industrie, 1992

[STAN 93] Stanek, W.; de Jong, H.: Simulation in einer Fabrikplanung und Fertigungssegmentierung. In: ZwF 88 (1993) 5, S. 226 - 228

[STOL 88] Stolz, N. W.: Materialbereitstellung in der Montage. Diss RWTH Aachen, 1988

[STOL 93] Stoll, S.: Der Mensch im Mittelpunkt. In: Industrieanzeiger 16/93, S. 6

[STUE 85] Stübig, H.: Vom Fließband zur flexiblen Montage. In: Schriftliche Fassung der Vorträge zum Fertigungstechnischen Kolloquium am 10./11. Oktober 85 in Stuttgart. Berlin: Springer, 1985

[STUR 92] Stürzl, W.: Lean Production in der Praxis. Paderborn: Junferman, 1992

[THOM 66] Thomopoulos, N.T.: A Sequencing Procedure for a Multi Model Assembly Line. Chicago, Illinois Institute of Technology, Ph.D. Diss, 1966

[UNGE 86] Ungeheuer, U.: Produkt- und Montagestrukturierung - Methodik zur Planung einer anforderungsgerechten Produkt- und Montagestruktur für komplexe Erzeugnisse der Einzel- und Kleinserienproduktion. In: Fortschritts-Berichte VDI, Reihe 2, Nr. 112. Düsseldorf, VDI, 1986

[UTSC 81] Utsch, J.: Flexible Arbeitszeit. Frankfurt: Verlag Harri Deutsch, 1981

[VDI 3633] N.N.: VDI-Richtlinie 3633 Simulation von Logistik-, Materialfluß- und Produktionssystemen. Düsseldorf: VDI-Verlag, 1992

[VDI 92] VDI-Gemeinschaftsausschuss CIM (Hrsg.): Rechnerintegrierte Konstruktion und Produktion. Band 8: Flexible Montage. Düsseldorf: VDI-Verlag, 1992

[WALL 94] Wallisch, F.: Qualitätssicherung ist keine Hexerei. In: Fertigung, Mai 94, S. 32 - 36

[WARN 75] Warnecke, H.-J.; Löhr, H.-G.; Kiener, W.: Montagetechnik - Schwerpunkt der Rationalisierung. Mainz: Krausskopf 1975

[WARN 82] Warnecke, H.J.: Materialfluß. In. Schriftliche Fassung der Vorträge zum Fertigungstechnischen Kolloquium am 7./8. Februar 82 in Stuttgart

[WARN 91] Warnecke, H.-J.: Innovative Produktionsstrukturen. In: Schriftliche Fassung der Vorträge zum Fertigungstechnischen Kolloquium am 1./2. Oktober 1991 in Stuttgart. Berlin: Springer, 1991

[WECK 90] Weck, M.; Eversheim, W.; König, W.; Pfeifer, T.: Wettbewerbsfaktor Produktionstechnik. Düsseldorf: VDI-Verlag, 1990

[WIEN 83] Wiendahl, H.-P.: Betriebsorganisation für Ingenieure. München: Hanser, 1983

[WILD 89] Wildemann, H.: Flexible Werkstattsteuerung durch Integration von KANBAN-Prinzipien, Band 2. 2. unveränderte Auflage, München: gfmt, 1989

[WILD 91] Wildemann, H.: Flexible Arbeits- und Betriebszeiten - wettbewerbs- und mitarbeiterorientiert ! (hrsg. von: Bayerisches Staatsministerium für Arbeit, Familie und Sozialordnung). München: Max Schick Verlag, 1991

[WILD 92] Wildemann, H.: Die modulare Fabrik. 3. neub. Aufl. St. Gallen: gfmt, 1992

[WISB 92] Wisbacher, J.: Methoden zur rationellen Automatisierung der Montage von Schnellbefestigungselementen. Diss. TU München, iwb Forschungsberichte Band 49. Berlin: Springer, 1992

[WITN 90] N.N.: WITNESS Bediener Handbuch (Release 4.0). Düsseldorf: AT&T ISTEL Visual Interactive Systems GmbH, 1990

[WOMA 91] Womack, J. P.; Jones, D. T.; Roos, D.: Die zweite Revolution in der Autoindustrie. Frankfurt: Campus, 1991

[ZÜLC 93] Zülch, G.: Integrierte Fabrikplanung: In: VDI-Z 135 (1993), Nr. 3 - März, S. 34 - 37

iwb Forschungsberichte

Berichte aus dem Institut für Werkzeugmaschinen und Betriebswissenschaften der Technischen Universität München

Herausgeber: Prof. Dr.-Ing. J. Milberg und Prof. Dr.-Ing. G. Reinhart

---

1 **Streifinger, E.**
Beitrag zur Sicherung der Zuverlässigkeit und Verfügbarkeit moderner Fertigungsmittel
1986. 72 Abb. 167 Seiten, ISBN 3-540-16391-3 68,- DM

2 **Fuchsberger, A.**
Untersuchung der spanenden Bearbeitung von Knochen
1986. 90 Abb. 175 Seiten, ISBN 3-540-16392-1 68,- DM

3 **Maier, C.**
Montageautomatisierung am Beispiel des Schraubens mit Industrierobotern
1986. 77 Abb. 144 Seiten, ISBN 3-540-16393-X 68,- DM

4 **Summer, H.**
Modell zur Berechnung verzweigter Antriebsstrukturen
1986. 74 Abb. 197 Seiten, ISBN 3-540-16394-8 68,- DM

5 **Simon, W.**
Elektrische Vorschubantriebe an NC-Systemen
1986. 141 Abb. 198 Seiten, ISBN 3-540-16693-9 68,- DM

6 **Büchs, S.**
Analytische Untersuchungen zur Technologie der Kugelbearbeitung
1986. 74 Abb. 173 Seiten, ISBN 3-540-16694-7 68,- DM

7 **Hunzinger, I.**
Schneiderodierte Oberflächen
1986. 79 Abb. 162 Seiten, ISBN 3-540-16695-5 68,- DM

8 **Pilland, U.**
Echtzeit-Kollisionsschutz an NC-Drehmaschinen
1986. 54 Abb. 127 Seiten, ISBN 3-540-17274-2 68,- DM

9 **Barthelmeß, P.**
Montagegerechtes Konstruieren durch die Integration von Produkt- und Montageprozeßgestaltung
1987. 70 Abb. 144 Seiten, ISBN 3-540-18120-2 68,- DM

10 **Reithofer, N.**
Nutzungssicherung von flexibel automatisierten Produktionsanlagen
1987. 84 Abb. 176 Seiten, ISBN 3-540-18440-6 68,- DM

11 **Diess, H.**
Rechnerunterstützte Entwicklung flexibel automatisierter Montageprozesse
1988. 56 Abb. 144 Seiten, ISBN 3-540-18799-5 73,- DM

12 **Reinhart, G.**
Flexible Automatisierung der Konstruktion
und Fertigung elektrischer Leitungssätze
1988, 112 Abb. 197 Seiten, ISBN 3-540-19003-1 73,- DM

13 **Bürstner, H.**
Investitionsentscheidung in der rechnerintegrierten Produktion
1988, 77Abb. 190 Seiten, ISBN 3-540-19099-6 73,- DM

14 **Groha, A.**
Universelles Zellenrechnerkonzept für flexible Fertigungssysteme
1988, 74 Abb. 153 Seiten, ISBN 3-540-19182-8 73,- DM

15 **Riese, K.**
Klipsmontage mit Industrierobotern
1988, 92 Abb. 150 Seiten, ISBN 3-540-19183-6 73,- DM

16 **Lutz, P.**
Leitsysteme für rechnerintegrierte Auftragsabwicklung
1988, 44 Abb. 144 Seiten, ISBN 3-540-19260-3 73,- DM

17 **Klippel, C.**
Mobiler Roboter im Materialfluß eines flexiblen Fertigungssystems
1988, 86 Abb. 164 Seiten, ISBN 3-540-50468-0 73,- DM

18 **Rascher, R.**
Experimentelle Untersuchungen zur Technologie der Kugelherstellung
1989, 110 Abb. 200 Seiten, ISBN 3-540-51301-9 73,- DM

19 **Heusler, H.-J.**
Rechnerunterstützte Planung flexibler Montagesysteme
1989, 43 Abb. 154 Seiten, ISBN 3-540-51723-5 73,- DM

20 **Kirchknopf, P.**
Ermittlung modaler Parameter aus Übertragungsfrequenzgängen
1989, 57 Abb. 157 Seiten, ISBN 3-540-51724 73,- DM

21 **Sauerer, Ch.**
Beitrag für ein Zerspanprozeßmodell Metallbandsägen
1990, 89 Abb. 166 Seiten, ISBN 3-540-51868-1 78,- DM

22 **Karstedt, K.**
Positionsbestimmung von Objekten in der Montage-
und Fertigungsautomatisierung
1990, 92 Abb. 157 Seiten, ISBN 3-540-51879-7 78,- DM

23 **Peiker, St.**
Entwicklung eines integrierten NC-Planungssystems
1990, 66 Abb. 180 Seiten, ISBN 3-540-51880-0 78,- DM

24 **Schugmann, R.**
Nachgiebige Werkzeugaufhängungen für die automatische Montage
1990. 71 Abb. 155 Seiren, ISBN 3-540-52138-0 78,- DM

25 **Wrba, P**
Simulation als Werkzeug in der Handhabungstechnik
1990, 125 Abb., 178 Seiten, ISBN 3-540-52231-X 78,- DM

26 **Eibelshäuser, P.**
Rechnerunterstützte experimentelle Modalanalyse
mitells gestufter Sinusanregung
1990, 79 Abb., 156 Seiten, ISBN 3-540-52451-7 78,- DM

27 **Prasch, J.**
Computerunterstützte Planung von chirurgischen Eingriffen
in der Orthopädie
1990, 113 Abb., 164 Seiten, ISBN 3-540-52543-2 78,- DM

28 **Teich, K.**
Prozeßkommunikation und Rechnerverbund in der Produktion
1990, 52 Abb., 158 Seiten, ISBN 3-540-52764-8 78,- DM

29 **Pfrang, W.**
Rechnergestützte und graphische Planung manueller
und teilautomatisierter Arbeitsplätze
1990, 59 Abb., 153 Seiten, ISBN 3-540-52829-6 78,- DM

30 **Tauber, A.**
Modellbildung kinematischer Stukturen
als Komponente der Montageplanung
1990, 93 Abb., 190 Seiten, ISBN 3-540-52911-X 78,- DM

31 **Jäger, A.**
Systematische Planung komplexer Produktionssysteme
1991, 75 Abb., 148 Seiten, ISBN 3-540-53021-5 78,- DM

32 **Hartberger, H.**
Wissensbasierte Simulation komplexer Produktionssysteme
1991, 58 Abb., 154 Seiten, ISBN 3-540-53326-5 78,- DM

33 **Tuczek H.**
Inspektion von Karosseriepreßteilen auf Risse und Einschnürungen
mittels Methoden der Bildverarbeitung
1992, 125 Abb., 179 Seiten, ISBN 3-540-53965-4 88,- DM

34 **Fischbacher, J.**
Planungsstrategien zur strömungstechnischen Optimierung
von Reinraum-Fertigungsgeräten
1991, 60 Abb., 166 Seiten, ISBN 3-540-54027-X 78,- DM

35 **Moser, O.**
3D-Echtzeitkollisionsschutz für Drehmaschinen
1991, 66 Abb., 177 Seiten, ISBN 3-540-54076-8 78,- DM

36 **Naber, H.**
Aufbau und Einsatz eines mobilen Roboters mit
unabhängiger Lokomotions- und Manipulationskomponente
1991, 85 Abb., 139 Seiten, ISBN 3-540-54216-7 78,- DM

37 **Kupec, Th.**
Wissensbasiertes Leitsystem zur Steuerung flexibler Fertigungsanlagen
1991, 68 Abb., 150 Seiten, ISBN 3-540-54260-4 78,- DM

38 **Maulhardt, U.**
Dynamisches Verhalten von Kreissägen
1991, 109 Abb., 159 Seiten, ISBN 3-540-54365-1 78,– DM

39 **Götz, R.**
Stukturierte Planung flexibel automatisierter Montagesysteme
für flächige Bauteile
1991, 86 Abb., 201 Seiten, ISBN 3-540-54401-1 78,– DM

40 **Koepfer, Th.**
3D- grafisch-interaktive Arbeitsplanung - ein Ansatz
zur Aufhebung der Arbeitsteilung
1991, 74 Abb., 126 Seiten, ISBN 3-540-54436-4 78,– DM

41 **Schmidt, M.**
Konzeption und Einsatzplanung flexibel automatisierter
Montagesysteme
1992, 108 Abb., 168 Seiten, ISBN 3-540-55025-9 88,– DM

42 **Burger, C.**
Produktionsregelung mit entscheidungsunterstützenden
Informationssystemen
1992, 94 Abb., 186 Seiten, ISBN 5-540- 55187-5 88,– DM

43 **Hoßmann, J.**
Methodik zur Planung der automatischen Montage von nicht
formstabilen Bauteilen
1992, 73 Abb., 168 Seiten, ISBN 3-540-5520-0 88,– DM

44 **Petry, M.**
Systematik zur Entwicklung eines modularen Programm-
baukastens für robotergeführte Klebeprozesse
1992, 106 Abb., 139 Seiten ISBN 3-540-55374-6 88,– DM

45 **Schönecker, W.**
Integrierte Diagnose in Produktionszellen
1992, 87 Abb., 159 Seiten, ISBN 3-540-55375-4 88,– DM

46 **Bick, W.**
Systematische Planung hybrider Montagesyste unter
Berücksichtigung der Ermittlung des optimalen Automatisierungsgrades
1992, 70 Abb., 156 Seiten ISBN 3-540-55377-0 88,– DM

47 **Gebauer, L.**
Prozeßuntersuchungen zur automatisierten Montage
von optischen Linsen
1992, 84 Abb., 150 Seiten, ISBN 3-540- 55378-9 88,– DM

48 **Schrüfer, N.**
Erstellung eines 3D-Simulationssystems zur Reduzierung
von Rüstzeiten bei der NC-Bearbeitung
1992, 103 Abb., 161 Seiten, ISBN 3-540-55431-9 88,– DM

49 **Wisbacher, J.**
Methoden zur rationellen Automatisierung der Montage
von Schnellbefestigungselementen
1992, 77 Abb., 176 Seiten, ISBN 3-540-55512-9 88,– DM

50 **Garnich. F.**
Laserbearbeitung mit Robotern
1992, 110 Abb., 184 Seiten, ISBN 3-540- 55513-7 88,– DM

51 **Eubert, P.**
Digitale Zustandsregelung elektrischer Vorschubantriebe
1992, 89 Abb., 159 Seiten, ISBN 3-540-44441-2 — 88,- DM

52 **Glaas, W.**
Rechnerintegrierte Kabelsatzfertigung
1992, 67 Abb., 140 Seiten, ISBN 3-540-55749-0 — 88,- DM

53 **Helml, H.J.**
Ein Verfahren zur on-line Fehlererkennung und Diagnose
1992, 60 Abb., 153 Seiten, ISBN 3-540-55750-4 — 88,- DM

54 **Lang, Ch.**
Wissensbasierte Unterstützung der Verfügbarkeitsplanung
1992, 75 Abb., 150 Seiten, ISBN 3-540-55751-2 — 88,- DM

55 **Schuster, G.**
Rechnergestütztes Planungssystem für die flexibel
automatisierte Montage
1992, 67 Abb., 135 Seiten, ISBN 3-540-55830-6 — 88,- DM

56 **Bomm, H.**
Ein Ziel- und Kennzahlensystem zum Investitionscontrolling
komplexer Produktionssysteme
1992, 87 Abb., 195 Seiten, ISBN 3-540-55964-7 — 88,- DM

57 **Wendt, A.**
Qualitätssicherung in flexibel automatisierten Montagesystemen
1992, 74 Abb., 179 Seiten, ISBN 3-540-56044-0 — 88,- DM

58 **Hansmaier, H.**
Rechnergestütztes Verfahren zur Geräuschminderung
1993, 67 Abb., 156 Seiten, ISBN 3-540-56043-2 — 88,- DM

59 **Dilling, U.**
Planung von Fertigungssystemen unterstützt
durch Wirtschaftlichkeitssimulation
1993, 72 Abb., 146 Seiten, ISBN 3-540-56307-5 — 88,- DM

60 **Strohmayr, R.**
Rechnergestützte Auswahl und Konfiguration
von Zubringeeinrichtungen
1993, 80 Abb., 152 Seiten, ISBN 3-540-56652-X — 88,- DM

61 **Glas, J.**
Standardisierter Aufbau anwendungsspezifischer
Zellenrechnersoftware
1993, 80 Abb., 145 Seiten, ISBN 3-540-56890-5 — 88,- DM

62 **Stetter, R.**
Rechnergestützte Simulationswerkzeuge zur
Effizienzsteigerung des Industrierobotereinsatzes
1994, 91 Abb., 146 Seiten, ISBN 3-540-568891 — 88,- DM

63 **Dirndorfer, A.**
Robotersysteme zur förderbandsynchronen Montage
1993, 76 Abb, 144 Seiten, ISBN 3-540-57031-4 — 88,- DM

64 **Wiedemann, M.**
Simulation des Schwingungsverhaltens spanender Werkzeugmaschinen
1993, 81 Abb., 137 Seiten, ISBN 3-540-57177-9 — 88,- DM

65 **Woenckhaus, Ch.**
Rechnergestütztes System zur automatisierten 3D-Layoutoptimierung
1994, 81 Abb., 140 Seiten,ISBN 3540-57284-8 88,- DM

66 **Kummetsteiner, G.**
3D-Bewegungssimulation als integratives Hilfsmittel zur Planung manueller Montagesysteme
1994, 62 Abb.; 146 Seiten, ISBN 3-540-57535-9 88,- DM

67 **Kugelmann, F.**
Einsatz nachgiebiger Elemente zur wirtschaftlichen Automatisierung von Produktionssystemen
1993, 76 Abb., 144 Seiten, ISBN 3-540-57549-9 88,- DM

68 **Schwarz, H.**
Simulationsgestützte CAD/CAM-Kopplung für die 3D-Laserbearbeitung mit integrierter Sensorik
1994, 96 Abb., 148 Seiten, ISBN 3-540-57577-4 88,- DM

69 **Viethen, U.**
Systematik zum Prüfen in Flexiblen Fertigungssytemen
1994, 70 Abb., 142 Seiten, ISBN 3-540-57794-7 88,- DM

70 **Seehuber, M.**
Automatische Inbetriebnahme geschwindigkeitsadaptiver Zustandsregler
1994, 72 Abb., 155 Seiten, ISBN 3-540-57896-X 88,- DM

71 **Amann, W.**
Eine Simulationsumgebung für Planung und Betrieb von Produktionssystemen
1994, 71 Abb., 129 Seiten, ISBN 3-540-57924-9 88,- DM

73 **Welling, A.**
Effizienter Einsatz bildgebender Sensoren zur Flexibilisierung automatisierter Handhabungsvorgänge
1994, 66 Abb., 139 Seiten, ISBN 3-540-580-0 88,- DM

74 **Zetlmayer, H,**
Verfahren zur simulationsgestützen Produktionsregelung in der Einzel- und Kleinserienproduktion
1994, 62 Abb., 143 Seiten, ISBN 3-540-58134-0 88,- DM

75 **Lindl, M.**
Auftragsleittechnik für Konstruktion und Arbeitsplanung
1994, 66 Abb,. 147 Seiten, ISBN 3-540-58221-5 88,- DM

76 **Zipper, B.**
Das integrierte Betriebsmittelwesen – Baustein einer flexiblen Fertigung
1994, 64 Abb., 147 Seiten, ISBN 3-540-58222-3 88,- DM

77 **Raith, P.**
Programmierung und Simulation von Zellenabläufen in der Arbeitsvorbereitung
1995, 51 Abb., 130 Seiten, ISBN 3-540-58223-1 88,- DM

78 **Engel, A.**
Strömungstechnische Optimierung von Produktionssystemen durch Simulation
1994, 69 Abb., 160 Seiten, ISBN 3-540-58258-4 88,- DM

79 **Zäh, M. F.**
Dynamisches Prozeßmodell Kreissägen
1995, 95 Abb., 186 Seiten, ISBN 3-540-58624-5 88,– DM

80 **Zwanzer, N.**
Technologisches Prozeßmodell für die Kugelschleifbearbeitung
1995, 65 Abb., 150 Seiten, ISBN 3-540-58634-2 88,– DM

81 **Romanow, P.**
Konstruktionsbegleitende Kalkulation von Werkzeugmaschinen
1995, 66 Abb., 151 Seiten, ISBN 3-540-58771-3 88,– DM

82 **Kahlenberg, R.**
Integrierte Qualitätssicherung in flexiblen Fertigungszellen
1995, 71 Abb., 136 Seiten, ISBN 3-540-58772-1 88,– DM

83 **Huber, A.**
Arbeitsfolgenplannung mehrstufiger Prozesse in der Hartbearbeitung
1995, 87 Abb., 152 Seiten, ISBN 3-540-58773-X 88,– DM

84 **Birkel, G.**
Aufwandsminimierter Wissenserwerb für die Diagnose
in flexiblen Produktionszellen
1995, 64 Abb., 137 Seiten, ISBN 3-540-58869-8 88,– DM

85 **Simon, D.**
Fertigungsregelung durch zielgrößenorientierte Planung und
logistisches Störungsmanagment
1995, 77 Abb., 132 Seiten, ISBN 3-540-58942-2 88,– DM

86 **Nedeljkovic-Groha, V.**
Systematische Planung anwendungsspezifischer Materialflußsteuerungen
1995, 94 Abb., 188 Seiten, ISBN 3-540-58953-8 88,– DM

87 **Rockland, M.**
Flexibilisierung der automatischen Teilebereitstellung in Montageanlagen
1995, 83 Abb., 151 Seiten, ISBN 3-540-58999-6 88,– DM

88 **Linner, St.**
Konzept einer integrierten Produktentwicklung
1995, 67 Abb., 168 Seiten, ISBN 3-540-59016-1 88,– DM

89 **Eder, Th.**
Integrierte Planung von Informationssystemen für rechnergestützte
Produktionssysteme
1995, 62 Abb., 150 Seiten, ISBN 3-540-59084-6 88,– DM

90 **Deutschle, U.**
Prozeßorientierte Organisation der Auftragsentwicklung in mittelständischen
Unternehmen
1995, 80 Abb., !88 Seiten, ISBN 3-540-59337-3 88,– DM

91 **Dieterle, A.**
Recyclingintegrierte Produktentwicklung
1995, 68 Abb., 146 Seiten, ISBN 3-540-60120-1 88,– DM

Die Bände sind im Erscheinungsjahr und in den folgenden drei Kalenderjahren
zu beziehen durch den örtlichen Buchhandel
oder durch Lange & Springer, Otto-Suhr-Allee 26-28, 10585 Berlin

GPSR Compliance

The European Union's (EU) General Product Safety Regulation (GPSR) is a set of rules that requires consumer products to be safe and our obligations to ensure this.

If you have any concerns about our products, you can contact us on ProductSafety@springernature.com

In case Publisher is established outside the EU, the EU authorized representative is:

Springer Nature Customer Service Center GmbH
Europaplatz 3
69115 Heidelberg, Germany

Batch number: 10844639

Printed by Printforce, the Netherlands